U0304293

目录

前　言

2008 年的汶川 8.0 级大地震，无情地夺走了数万人的生命，受伤人数达 37 万余人。根据后来的统计，在这次突如其来的灾难中，四川省死亡失踪的学生超过了 5000 人。然而，就在这样一场巨大的灾难面前，有一所紧邻重灾区北川县的乡镇中学——绵阳市桑枣中学，却创造了全校 2300 名师生没有一人在地震中受伤或者遇难的奇迹。这个奇迹归功于他们平时对防震避震科普知识的学习和演练。

当汶川大地震发生时，桑枣中学绝大部分学生都在教学楼里上课。当他们感觉到大地的震动时，各个教室里的学生们都立刻按照老师的要求钻到课桌下。在第一阵地震波过后，大家马上在老师的指挥下，进行快速而有序地疏散。在地震发生后短短 1 分 36 秒左右的时间里，桑枣中学的全体师生已经全部安全地转移到了学校开阔的操场上……

通过对世界不同地区地震灾害所引发的不同后果的研究发现：有准备和无准备大不一样；有意识和无意识大不一样；懂防震减灾知识和毫无常识大不一样。

我国是世界上自然灾害最为严重的国家之一，灾害种类多、分布地域广、发生频率高、造成损失重。由于受理论认识、仪器设备、观测技术等条件的限制，目前准确的地震预报仍然是世界性的科学难题。因此，增强民众防震减灾意识，提高科学避险、自救互救能力，是保障公共安全，减轻地震灾害影响的重要途径。减轻地震灾害，要动员全体民众的共同参与。青少年平时就要注意学习和探索地震科普知识，争做小小地震科学家，提高自救互救能力，掌握在危急情况下科学逃生的本领，并积极向家长、同学和邻居宣传地震科普知识，让更多的人关注地震安全，努力将地震可能造成的灾害减小到最低程度。

地球躺在太阳系的摇篮里

银河系

在浩瀚辽阔的银河系中，居住着太阳系与上千亿颗恒星。太阳是太阳系家族的“大家长”，虽然已经年近50亿岁，却正值壮年。太阳的身体里蕴藏着无数能量，并一直在爆发，今后会变得更大更明亮。

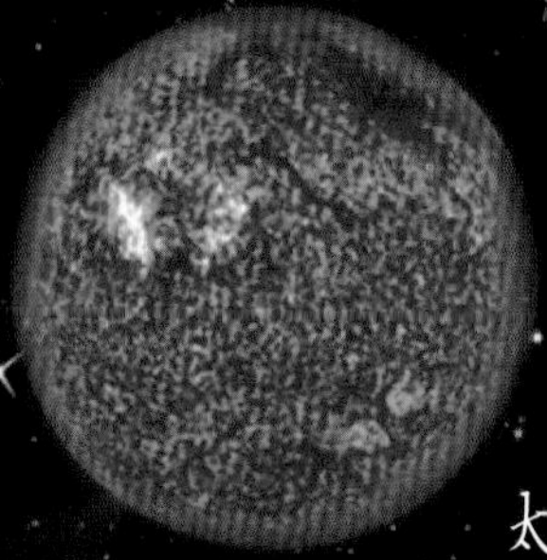

太阳给了地球孕育生命的光和热，但它却是个脾气不太好的家伙。由于表面温度很高，当它发脾气时就会爆发出许多能量，这就是太阳风暴。小部分太阳风暴会到达地球，可能带来巨大的灾难。

太阳

太阳风暴

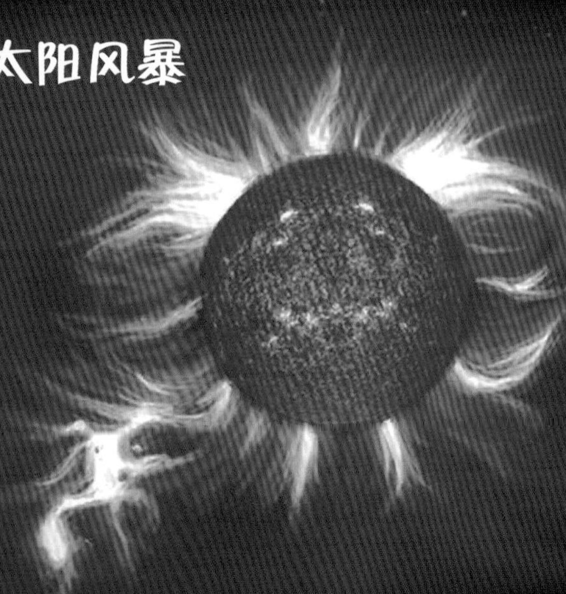

科学家研究发现，太阳风暴千里迢迢来到地球后，变身成为一个搞破坏的“捣蛋鬼”。比如它会伤害我们的身体，扰乱电视和电话的信号；更可怕的是，它还喜欢在地球的磁性上作怪。要知道，地球和磁铁一样，有自己的“磁性”，这种磁性一旦被破坏，就可能诱发地震。

不过，太阳发脾气不一定会百分之百引发地震，因此它并不是引发地震的罪魁祸首，只算是个火上浇油的家伙。

太阳周围有“八兄弟”在绕着它旋转，
分别是水星、金星、地球、火星、木星、土星、天王星和海王星。
这八兄弟和睦相处，
在各自的轨道上有序地运转着，
彼此之间遥遥相望。

太阳系

地月系

如果按照与太阳的距离来给这八大行星排序，地球排行老三。地球的位置绝佳，这里接受太阳传来的光照和温度都刚刚好，因此地球既不像海王星那样冷，也不像金星那样热。就这样，地球安然地躺在太阳系的摇篮里，享受着太阳的温暖，养育着人类和其他动植物。

月亮围着地球转：神奇的地月运动

生活在太阳系的大集体中，同伴的运动会对地球产生

影响，月球便是其中之一。它好似地球的“妹妹”，每天围绕在

哥”周围转个不停。

千万别小看月亮的影响，它能够对地球产生一种“引力

这种“引力”就好像妈妈打扫卫生时使用吸尘器吸附灰尘一

月球当然吸不动整个地球，但它却可以“吸”起地球上

海水，因此每到一定的时间，海水便会争先恐后地

上来，沙滩很快就成为它们嬉戏打闹的游乐园

这就是我们常说的潮汐。

其实，太阳和太阳系的其他行星都会吸附地球上的海水，但它们距离地球太远，吸引力相对较小，引发的潮汐也就没那么明显。月球离地球很近，因此地月引力可以发挥力量尽情地冲浪。

潮汐贪玩，有时候玩过火了也会给地球带来灾难。疯狂的潮汐会对地球产生一股巨大的冲力，这股冲力就像是我们用手指使劲按压煮熟的鸡蛋壳的力量。被我们使劲按压后的鸡蛋会怎样？是的，鸡蛋壳出现了裂缝。

小小的裂缝有时不会产生什么问题，但如果潮汐把地球“撞”出的裂缝恰巧位于地震多发带，那可就会把藏在下面的地震能量吵醒。被吵醒的地震能量可不会轻易平静下来，它会大发雷霆，使出浑身力气震颤。

月球的引力不但会使海水每天发生涨落，也会使地壳发生“涨落”。当我们看到月亮像眉毛一样最小的时候，或者像圆盘一样最圆的时候，它的引力对地球影响最大。这时，它可以把地球的“外衣”地壳“吸”起来0.4米，这个高度和一张小矮凳的高度差不多。

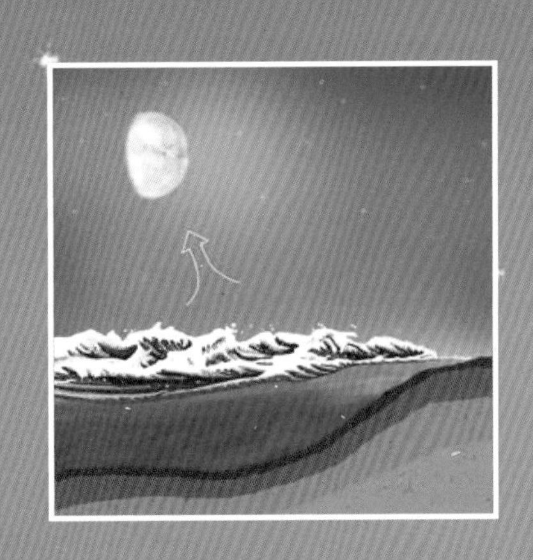

想象一下，铺在桌上的桌布被吸起来后会怎样？桌上的东西全都倒啦。每当月圆或月弯的夜晚月亮的引力相当大时，当地球的外衣被吸起来，平时藏在下面的能量就变得比原来更加躁动，地震就容易发生。这就是为什么地震经常发生在夜里。

地球是个“大号鸡蛋”

古代，人们把地震认为是鬼神妖魔在作怪。其实，地震和风、雨、雷电一样是正常的自然现象。想知道地震的秘密吗？先来看看地球是什么样子。

想象一下，如果我们使劲挤压一个生鸡蛋，就会发现生鸡蛋壳会被挤碎，随后蛋清从壳里渗出来。其实地球就像是一个大号的鸡蛋，当地震发生产生巨大的作用力时，我们脚下的大地就会像鸡蛋壳一样碎裂开。

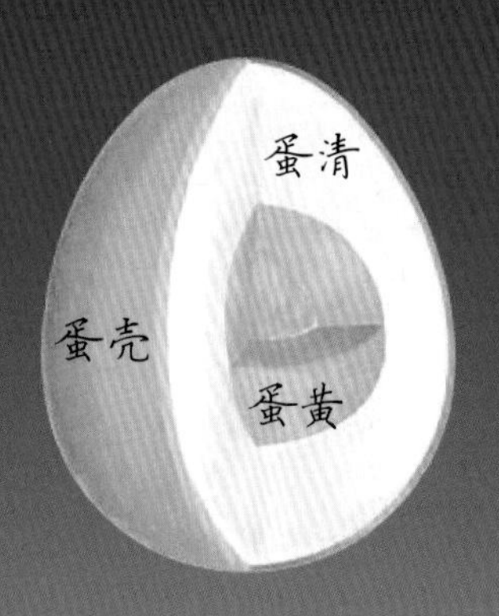

鸡蛋切面图

地球内部结构切面图

鸡蛋分为“蛋壳”、“蛋清”、“蛋黄”三层，地球同理。地球最外面的“蛋壳”叫作**地壳**，就是我们双脚直接接触的大地。地球的“蛋清”是地质学家们所说的**地幔**，它滚烫黏稠，仿佛是熔化了的巧克力；而且部分“蛋清”非常黏稠，几乎没法流动，看起来像是我们玩的橡皮泥。

地球的“蛋黄”叫作**地核**，它被地壳和地幔包裹在最里面，分为内核与外核。地球的内核相当硬实，就连自然界最坚硬的物质——金刚石都要畏惧它三分。

地球的外衣：岩石圈

地震时，地球内部会发生很多变化。我们最直接的感觉是大地在颤抖，有时还能看到地面裂开大缝。这些变化都发生在地球外衣——岩石圈上。

岩石圈由三大家族组成，分别是岩浆岩、沉积岩和变质岩。

那么，它们是如何形成的呢？

别看地球这个“大鸡蛋”平时很安静，但是有一些“蛋清”总想冲破“蛋壳”的束缚。成功冲破束缚的“蛋清”叫岩浆，它们从“蛋壳”中渗出来后，发现外面比地下冷多了，于是原本滚烫的岩浆就慢慢冷却、凝固、变成地球上最原始岩石——**岩浆岩**。

变成石头后，岩浆的身体虽然比原来坚硬了许多，但是也经不住风吹日晒，时间长了，岩浆岩身上就会出现小细纹、小裂缝，有时还会脱落一些小碎屑。调皮的风或者磅礴的雨都会把这些小碎屑带到另外的地方。风和雨渐渐都累了，就会把它们丢在不知名的角落里，时间长了，碎屑伙伴积少成多，而且被压实，它们便抱在一起，组成了岩石圈第二大家族——**沉积岩**。

随着岁月的流逝，岩石圈两大家族岩浆岩和沉积岩经过地壳运动或岩浆侵入作用所发生的高温和高压与热液的影响，原来岩石的结构或组织可能会发生改变，成为另外一种与原岩不同的岩石，这就是岩石圈的第三大家族——**变质岩**。

这三大岩石家族像是给地球披了一件坚硬的外衣，一起保护着地球。虽然它们会在自然作用下被侵蚀，但它们不会在风吹日晒中磨损消失，因为还会有很多耐不住寂寞的岩浆从地球的“蛋壳”下冲出来，不断地为岩石圈家族补充“后备力量”。

坚硬的岩石圈下面是地震学家一直在探索的地方，因为他们发现地震波每当到达这里，就好像不开心一样，传播的速度特别慢。加上这些地方离地面很深，结构也很复杂，勘察地震时，总是搞得他们一头雾水。

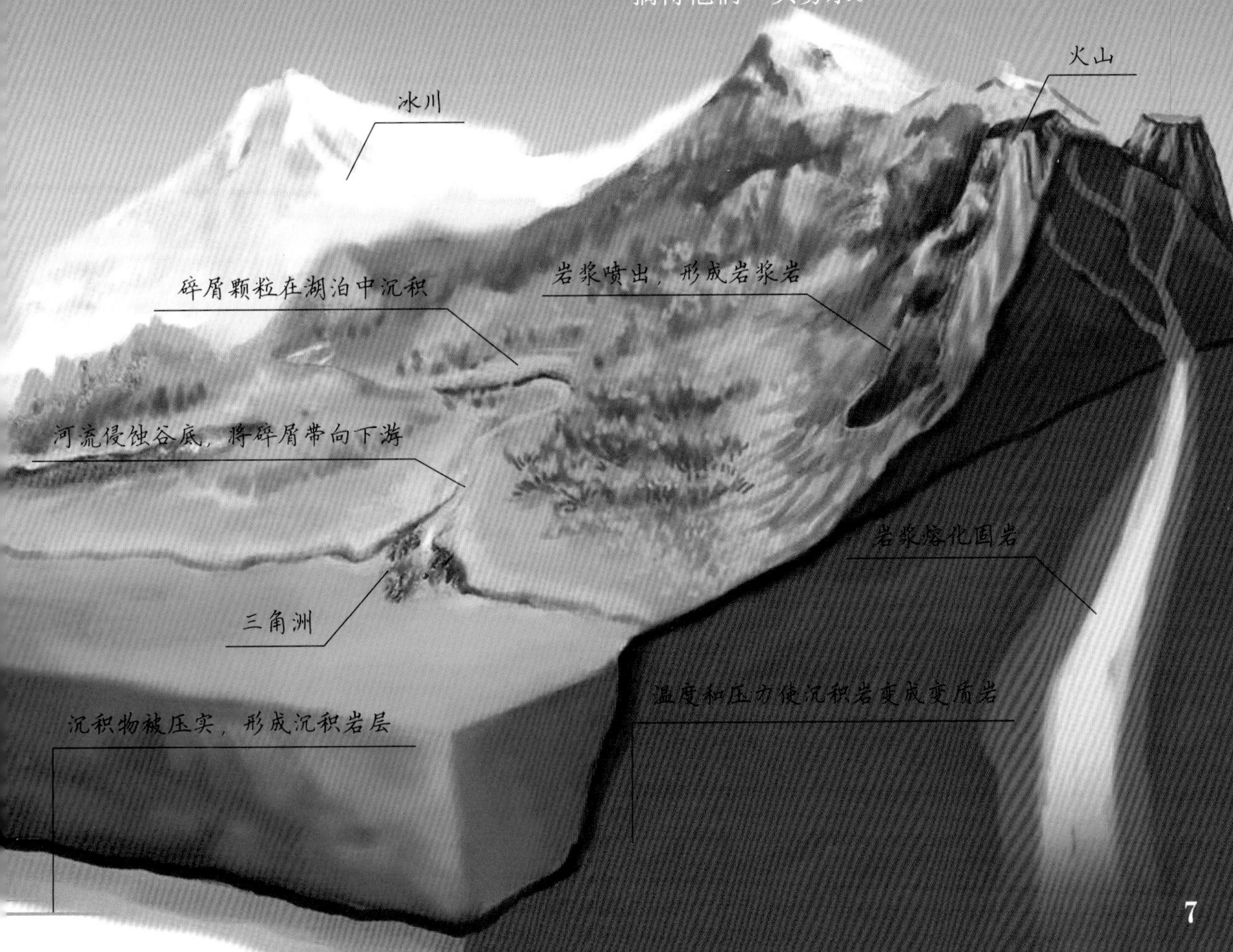
冰川
火山
碎屑颗粒在湖泊中沉积
岩浆喷出，形成岩浆岩
河流侵蚀谷底，将碎屑带向下游
岩浆熔化固岩
三角洲
温度和压力使沉积岩变成变质岩
沉积物被压实，形成沉积岩层

大地一刻不停在运动

如果驾驶宇宙飞船从外太空俯瞰地球，会发现地球是个蓝色的椭圆形球体。飞得近一点儿，才发现地球上真是千姿百态：浩瀚渺茫的大海，一马平川的陆地，连绵起伏的山脉，像脸盆一样的盆地，还有像伤疤一样的裂谷……

是不是存在着一双神奇的大手，将地球雕刻得如此千姿百态？没错，这些都是地壳运动的功劳。

地壳不是大部分时间都在沉睡吗？NO，你别看地球表面的岩石总是安安静静地躺在那里，一声不吭，其实地球从内到外，时时刻刻都在运动。比如地幔中的岩浆，它们是居住在地壳楼下的邻居，因为家里温度高，所以经常膨胀和流动，这就给楼上的地壳造成了很大的压力。另外，与地球遥遥相望的太空伙伴——太阳和月亮，它们也带给地球一股引力，同时，地球的自转也会产生内部的能量。

冰 川
裂 谷
盆
海 洋
俯冲带
地幔中的对流层

运动的地壳在塑造地球的过程中还有一个好伙伴，它就是火山。

记得我们说过的岩浆吗？岩浆在地壳下面热得受不了，就会从地壳下面喷涌而出，这种景象我们经常在电视上看到，也就是火山喷发。火山喷发时喷出的大量火山灰和火山气体，对气候造成极大的影响。因为在这种情况下，昏暗的白昼和狂风暴雨，甚至泥浆雨都会困扰当地居民长达数月之久。有人认为，火山喷发产生的气体可能是过去5.45亿年间包括恐龙在内的大量物种灰绝的原因。

岩浆和火山灰就是火山用来塑造地形的材料。它们中的大部分都会留在火山周围，堆积成山峰或者岛屿。就这样，火山帮助地壳塑造了地球的外貌。

所有这些力量联合起来，可把地壳折腾得不轻，它们会使地壳的形状发生变化，一旦积累的能量突然释放，这时就会发生地震。不过，地震也不是只会摧毁房屋，它还能够使小山长个儿，变成更雄伟的山峰；也能让平地下陷，积水后形成美丽的湖泊。

会“较劲”的地球板块

有人在世界第一高峰——珠穆朗玛峰上捡起一块岩石，竟然发现里面有4000多万年前海洋动物的化石，这就是说，在很久以前，这里曾经可能是一片汪洋。

珠穆朗玛峰的岩石中有4000多万年前海洋动物的化石

为什么原本是海洋的地方，多年后会变成山峰？

原来，地球身上坚硬的岩石外衣并不像鸡蛋壳那样完整，而是四分五裂。把地球外衣撕破的原凶之一，就是地震。它把地球的外衣撕扯成了六块碎片，爱美的地球只能披着这六块大“补丁”遮羞了。

为了方便大家描述地球的“补丁”，人们给它们取了名字，分别是印度洋板块、太平洋板块、南极洲板块、亚欧板块、美洲板块和非洲板块。

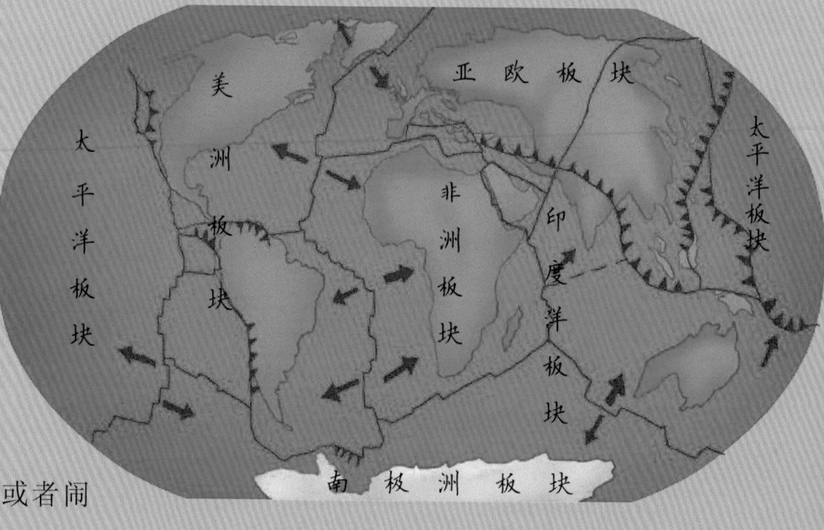

地球的“六块补丁”

因为想念对方，又或者闹点儿小别扭，这六块补丁有时会靠近，有时会疏离。不过它们运动的速度非常缓慢，但是经过漫长的年代，这些补丁有时也会撞在一起。

当地球的板块撞在一起时，地面上的人仿佛坐在碰碰车上，人车一起颠簸晃动，这就是地震。

除了会引发地震，板块之间还会“较劲”，它们使劲抵着对方，于是，有的陆地就在板块“较劲”中慢慢升高，变成小岛或高山，珠穆朗玛峰所在的喜马拉雅山脉就是这样形成的。

褶皱记录地壳运动的足迹

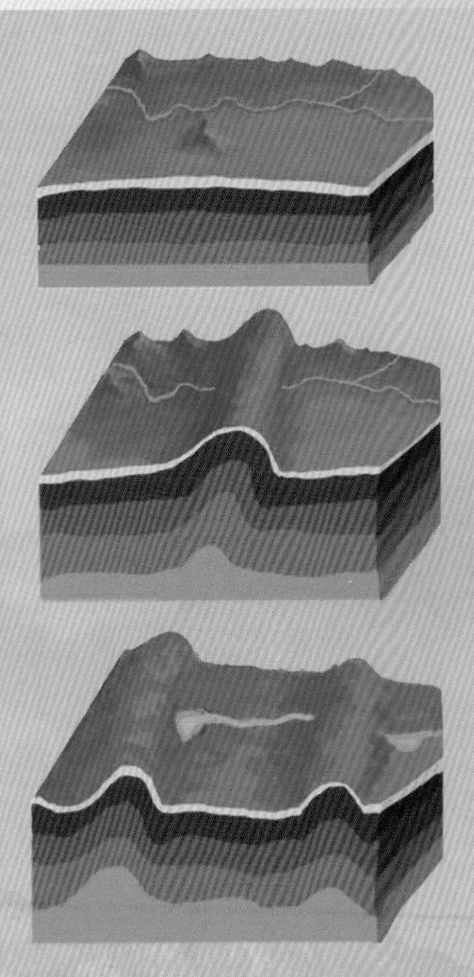

从一马平川到凸起的褶皱

当你生气时，会眉头紧锁，这时你是否注意到两眉之间隆起的皱纹？地球也有皱纹，叫作褶皱。我们可以用报纸模拟一下地球皱纹的形成过程：拿一张报纸平铺在桌上，然后我们双手按着报纸，慢慢向中间推。我们看到报纸中间隆起，像一座小山峰，这座“小山峰”就是地球的“褶皱”，它是岩石在地球力的作用下发生弯曲，向上凸起形成的波浪状的地貌。

在褶皱下面，有时会藏着一些断裂的岩石层，这样的地方可能就会经常会发生地震。比如美国的科林加和亚美尼亚就地处断掉的岩层上，因此在1983年和1988年，这两个地方分别发生了一次大地震。

当然，褶皱并不是只向上凸起，有的也会向下凹，还有的既不上凸，也不下凹，而是凸向旁侧。喜马拉雅山脉、阿尔卑斯山脉、科迪勒拉山脉等都是世界上有名的大褶皱山脉。随着岁月的流逝，它们成为一个个历史的见证者，默默记录着地壳运动的足迹。

地球的“外衣”被撕破了

地壳运动就像蜗牛爬树一样，是一个长久的过程。不过，你也不要小瞧它，在运动过程中它不停地积蓄量，等到这股力量超过了岩石能够忍受的强度时，地的“小宇宙”就会爆发。这就好像油炸馒头时，随着度的上升，馒头内部的压力开始逐渐变大，到最后难承受时，馒头中间就会裂开一条缝隙。

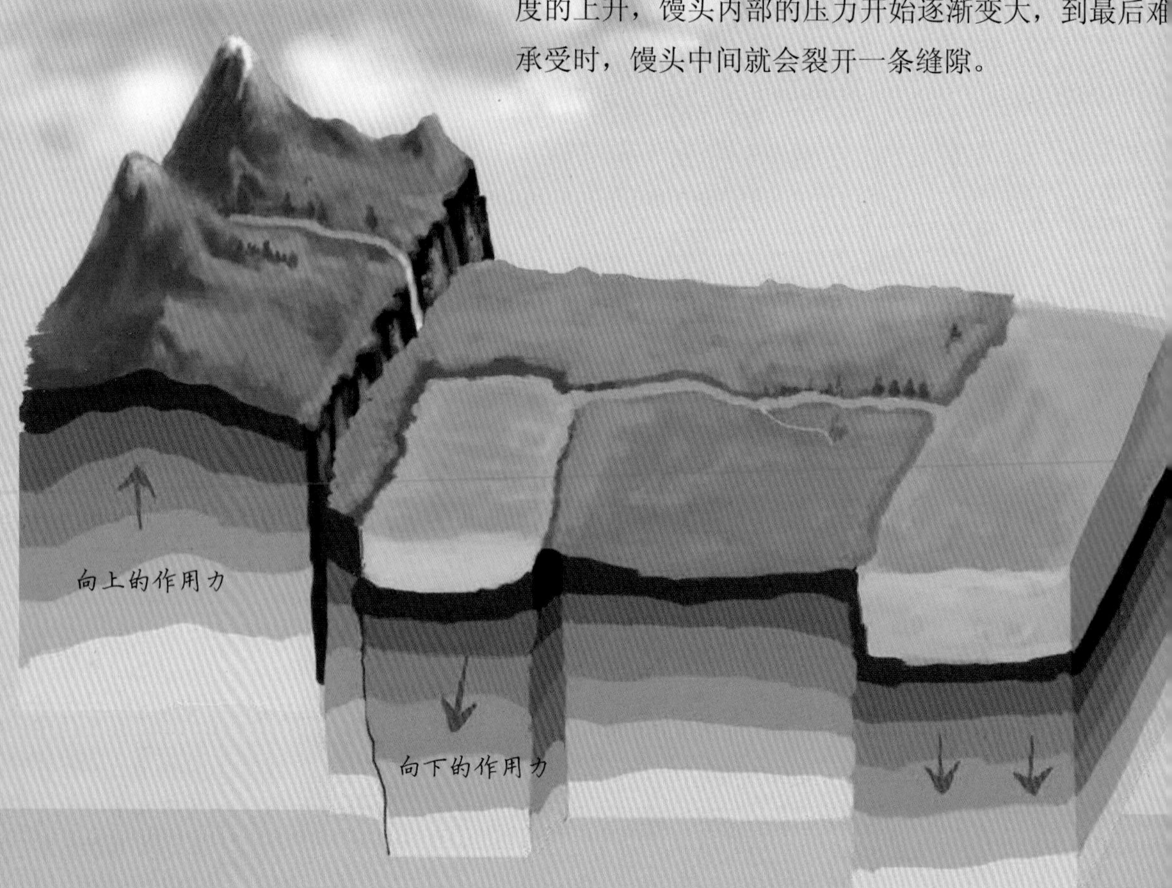

当地球的“外衣”被撕破，岩石发生断裂，就会发生地震。这种地震的威力特别大，破坏的范围也非常广，而且世界上发生的所有地震中，十之八九都是因为岩石的断裂而产生的。

除了引发地震，岩石断裂也会为地球塑造出一些新的容貌。断裂错开后的岩层，会像楼梯一样，上下错开，上升的一侧会形成山脉或者悬崖，例如我国的泰山；下落的部分则形成谷地或盆地，例如我国的渭河谷地。盆地是流水的最爱，当越来越多的流水在盆地里面聚集，就很容易形成湖泊。

断层和活断层

地壳岩层因受力达到一定强度而发生破裂，并沿破裂面有明显相对移动的构造称为**断层**。震往往是由断层活动引起，地震又可能造成新的断层发生。所以，地震与断层的关系十分密切。

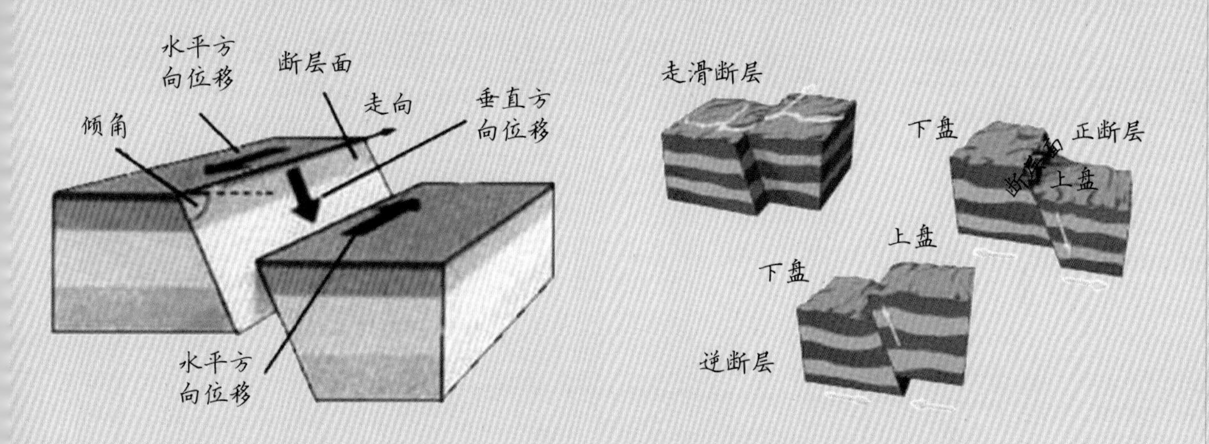

岩石发生相对位移的破裂面称为**断层面**。根据断层面两盘运动方式的不同，大致可分为**断层**（上盘相对下滑）、**逆断层**（上盘相对上冲）和**走滑断层**（又称平移断层，两盘沿层走向相对水平错动）三种类型。

与地震发生关系最为密切的，是在现代构造环境下曾有活动的那些断层，即第四纪以来、尤其是距今 10 万年来有过活动，今后仍可能活动的断层。这种断层通常被称为“**活断层**”。

发生在陆地上的断层错动，是造成灾害性地震最主要的原因。

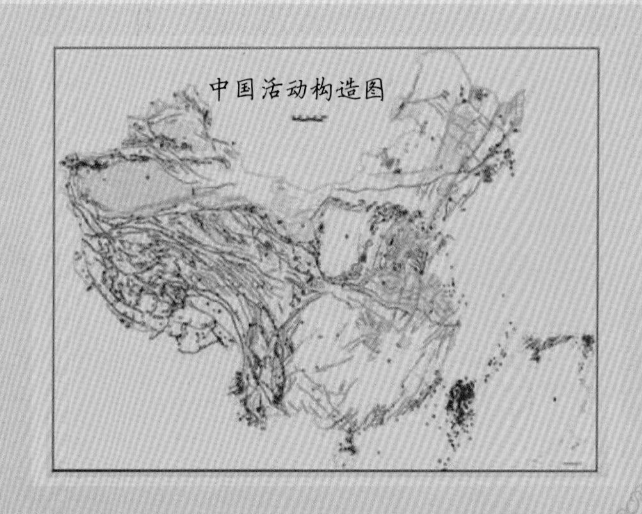

真有地震妖怪吗

过去，人们相信地震与神和妖怪的活动有关，于是，地震在世界各地均被涂上了神奇的色彩。

中国有一个古老的传说：一条鳌鱼居住在大地下面，它身形巨大，大部分时间不动弹，但有时来了兴致会翻一下身，这一翻身可不得了，整个大地都跟着抖动起来。

日本是一个地震频发的国家，每当地震来临，人们就说：住在地下的大鲶鱼不开心了！生气的鲶鱼会摆动尾巴，每摆动一下，大地就颤动一下。

在中国台湾古老的传说中，认为地底下有一头“大地牛”，平常它在睡觉，但当它翻身的时候，牵动大地震动，就会发生地震。

北美的印第安人则相信大地被安放在一只大乌龟背上，乌龟蹒跚地爬行，大地就会晃动。

古代印度人眼中的地震也很有意思：他们认为有一只大海龟背上驮着几头硕大无比的大象，大象身上背着大地，只要大象一动弹，就会地震。

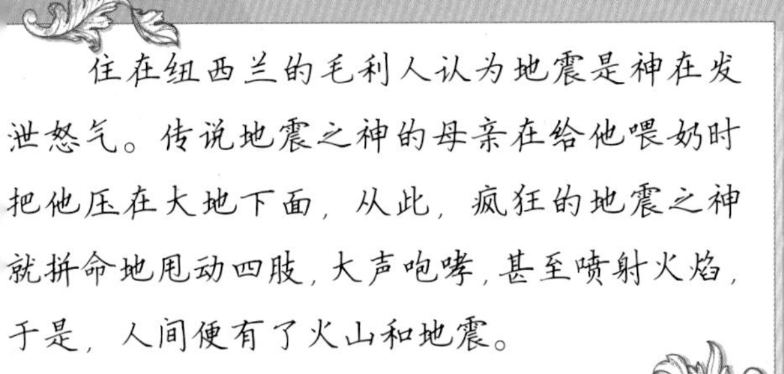

住在纽西兰的毛利人认为地震是神在发泄怒气。传说地震之神的母亲在给他喂奶时把他压在大地下面，从此，疯狂的地震之神就拼命地甩动四肢，大声咆哮，甚至喷射火焰，于是，人间便有了火山和地震。

现在，我们对地震有了科学的认识，诸如此的传说也就显得十分荒诞，但这却反映了古代们探索和了解地震的迫切愿望。

构造地震——拉紧的皮筋

地震是一种经常发生的自然现象，是地壳运动的一种特殊表现形式，一般可以分为构造地震、火山地震、陷落地震和诱发地震。目前世界上 90% 以上的地震属于构造地震。多数构造地震发生在地壳的岩石层内，也有的发生在地幔的上部，构造地震多是强烈的。那么它是怎样发生的呢？。

①两个板块沿断层带滑动

断层

②造成地震，震中（震源的正上方）

震源深度

震源

如果岩层断裂，地质结构改变了，会产生巨大的能量，地壳（或岩石圈）就会在构造运动中发生形变，当变形超出了岩石的承受能力时，岩石就会发生断裂错动，而在构造运动中长期积累的能量因此得以迅速释放，从而造成岩石振动，也就形成了地震。这就好比我们物理中学到过一根拉紧的橡皮筋会有强大的弹力、一颗即将出膛的子弹即将射穿一块铜板也会产生惊人的爆发力一样。

大的水库也不安分

1967年，印度发生了6.5级地震。这次地震是由印度柯伊纳大坝蓄水引发的。

人类的一些建设活动有时也会引发地震，比如，建造大型水库。

当水库里的水装满时，位于水库下面的地壳压力就会变大，而且水坝蓄积的水量一般很多，这些水给地壳施加的压力会比正常情况下大得多。当地壳被水库里的水压得时间长了，会觉得不舒服，脾气渐渐变差，因此会越来越不稳定，说不定哪天就会引发地震。

单纯因为水库蓄水引发的地震大部分都很微弱，很多时候我们是感觉不到的，但也有极个别的震级超过6级。

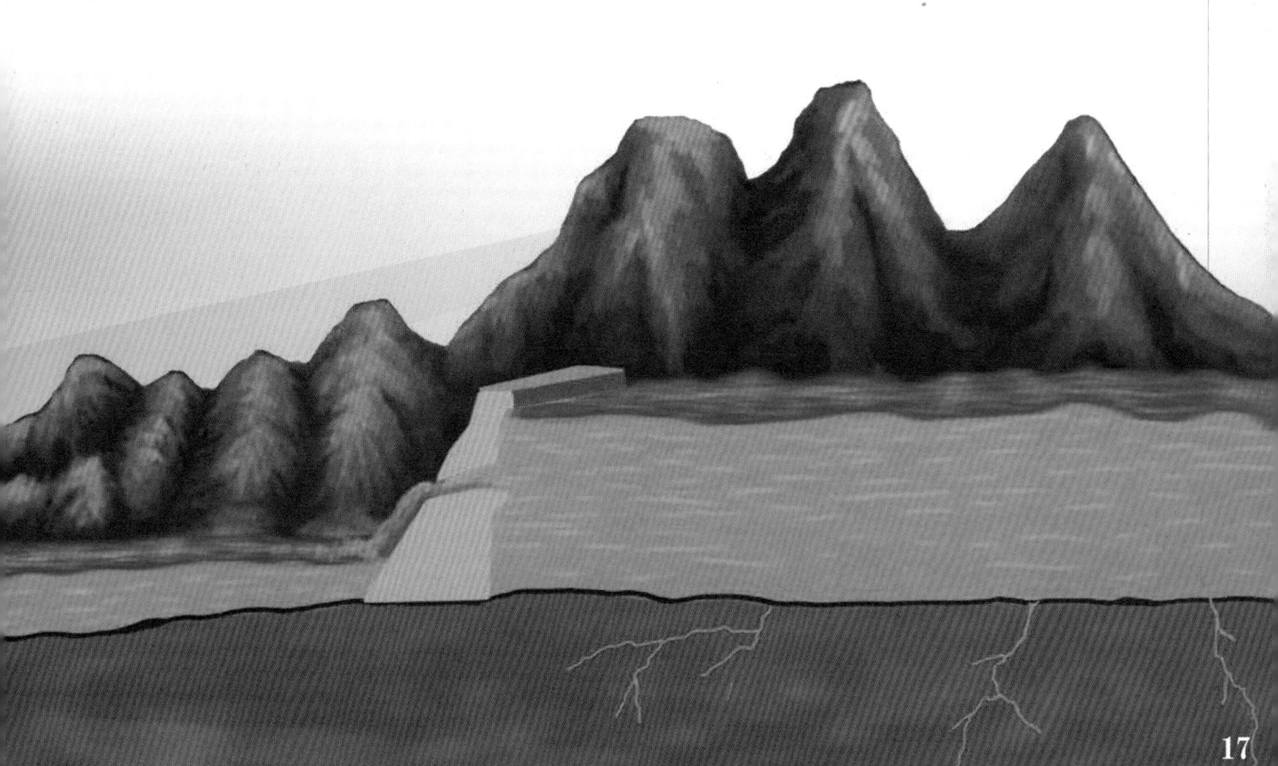

地震爱上火山的暴脾气

夹在岩层中的岩浆就像是个“受气包”，在地壳运动中被挤来挤去，终于，它找到了发泄的机会。由于地壳运动，地球的外衣被撕破，地下的岩层产生裂缝，于是，藏在地下的岩浆沿着裂缝嘶吼着冲出地壳表面，继而形成了火山喷发。

火山喷发的一刹那，熔岩冲出地壳，发生爆炸，吓得周围的大地浑身颤动，这就是火山地震。火山地震来势迅猛，但波及范围不广，危害程度相对较小。

火山和地震是亲密的伙伴，火山爆发可能会引来地震；地震时，如果具备一定条件，火山也可能会喷出岩浆凑个热闹。

环太平洋地震带上火山密布

世界上最大的火山地震带位于环太平洋地区，那里聚集了五百多座活火山，占世界火山总数的五分之四。一系列的火山、海沟和小岛串成的地震带将太平洋包围在其中，足足有4万公里，这个长度甚至超过了地球赤道一周的长度。地球上的地震大多发生在这里，而且一个比一个强烈。

今天的火山地震数量其实已经大大减少，远古时期的火山地震要比现在频繁得多。当时地球很年轻，重量还没有月球大，外面也没有大气层“面纱”的保护，所以宇宙中的很多天体携带着大量的水和冰，憋足了劲儿撞进“蛋清”——地幔中，然后在“蛋清”中一住就是上千年。随着地球自身的运动，这些冰和水也逐渐朝地面移动。当它们汇聚了足够的能量，就会选择一个合适的地方变成气体，喷涌而出，这也是火山地震的一种爆发途径。

东京

日本

坐落在环太平洋地震带西侧的日本，就像是坐在一张不停晃动的椅子上一样。日本人每年能够感觉到至少1000次地震，这相当于他们在一日三餐都能感觉到地震。如此频繁光顾的地震使得日本成为当之无愧的“地震国”。

进入二十一世纪，地震光顾的次数越来越多，大家都在怀疑，难道地球把自己调到了振动模式？其实这是因为环太平洋地震带已经进入了活跃期，今后，地震还会不定时地造访。

不容忽视的陷落地震

森林中，我们经常会发现有些树木外表看起来很结实，其实里面的枝干已经被虫子蛀空了，这种外强中干的情况也发生在部分岩石中。

大地看起来很结实，用身体支撑着几十亿地球人，事实上，有些岩石并没有看起来那么坚强，尤其是藏在地底下的一些岩石，它们早已被地下水溶解了。在地下水流经的地方，若岩石被溶解，就会出现一片地下岩洞。除了地下水会“挖洞”外，人类为了开采地下的矿产资源，也会侵蚀地下的岩石。

岩石被地下水溶解的地方会生出一片地下岩洞

无论是哪种情况，地下被挖空都不是好事，当地下被挖空，而地面上的压力又过重时，下面的岩石支撑不住，就会发生岩洞塌陷或者土地下陷，这种情况还会引发一定范围的地震，叫作**陷落地震。**

岩洞上有许多房屋，需警惕陷落地震发生

与火山地震等自然地震相比，陷落地震发生的次数很少。世界上 100 次地震中，大约只有 3 次左右是陷落地震。陷落地震多发生在离地面很近的地方，规模不大，危害范围小，却也不容忽视，因为若是陷落的地方刚好有人居住，很多人就可能因此失去生命。

板块兄弟闹矛盾：板间地震与板内地震

我们已经知道，地球的外衣被撕成了六块大补丁（和一些小补丁），这些补丁就是板块。每个板块都像钢板一样坚硬，但板块和板块相接的地方却有些柔软。

当两个板块在一起待久了，就会闹些矛盾。此时，它们身上都努着一股劲儿，互不相让。如果有一天板块兄弟打起架来，岩石会瞬间断裂，这时人类可就要遭殃，因为地震来了。

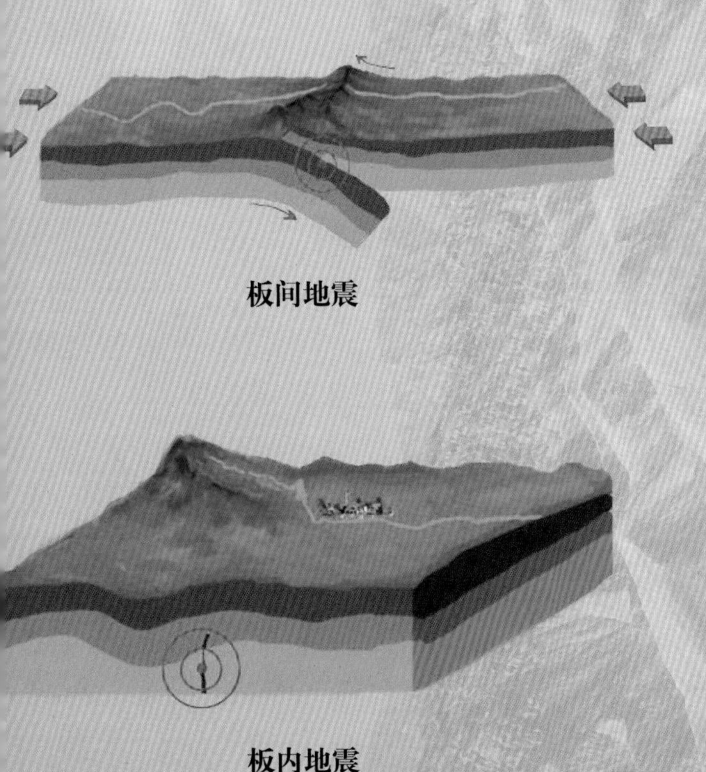

板间地震

板内地震

板块兄弟之间的矛盾引发的地震叫作**板间地震**，这样的地震发生在板块交界处，因此比较集中。板块交界处是地震很爱溜达的地方，也就是所谓的地震带。这里发生的地震威力大小不一，有的只带来轻微震感，有的却带来巨大破坏。

还有一种地震叫**板内地震**，这是由于板块自己有时候也有点儿“小情绪”，也就是它自己的身体里发生了断层。虽然板内地震的威力比不上板间地震，但由于板块上方正是人们生存居住的地方，因此板内地震更容易给人类带来巨大危害。

海啸是海洋地震引发的

在泰国南素林岛的渔民中，流传着这样一句话：“当你在沙滩上看到很多奇怪的鱼类时，这意味着将要发生海洋地震或者海啸。”

这个口头传下来的“古训”，使南素林岛渔村的181位村民在2004年末的东南亚大海啸中逃过一劫。事实上，这类长辈流传下来的关于海啸的古老经验，有一定科学依据。

海洋地震会撕裂海底的岩石，它是海啸发的主要原因。海洋地震发生时，岩石有的下降的升高，它们把原本平静的海底搅得波涛汹涌与此同时，海底断裂的岩层由于升高和下降的化，海水就会向岩层下降的方向流动，这时，岸边的人就会看到海水一下子退去，就好像退一样。

海水退去，那些平时生活在深海里的鱼就被海底巨大的暗涌卷上沙滩，这就是海啸来临前兆。

海啸来临前兆

呼啸而来的海浪看起来像一堵“水墙”

不一会儿，海水形成一个又一个巨大的海浪，这些海浪足足有十层楼高，远远看去就像一道高大的“水墙”。这些水墙向岸边迅猛扑来，速度比大型喷气式客机还要快。“水墙”破坏力巨大，冲到哪儿，哪儿就会变成一片废墟。

不过，并不是所有的地震都会引起海啸，如果海水不够深，震级不够大或没有合适的地形，就不会发生这种现象。

大地母亲“开口”了——地裂缝

地面断裂了一定是地震惹的祸吗？告诉你，裂缝并不一定都是由地震造成的，常见的地裂缝可能是由于土壤的膨胀、干旱、湿陷和融冻等原因产生的。

地裂缝其实是一种很常见的自然现象，它们长相各不相同，形成原因也多种多样。地球内部的地壳、岩浆和地热等产生的力量都能把大地撕出一条裂痕；外部气候的变化、流水、波浪等，也可以像刀子一样在地球身上划上一道口子。

那些和地震有关的地裂缝，出现在地球孕育地震的过程中。就像母亲孕育宝宝一样，孩子在妈妈肚子里慢慢长大，它会调皮地动来动去，妈妈的肚子也会一鼓一鼓的。当地震的能量在地下慢慢积蓄，并且变得越来越大时，它就使地球母亲的身上产生了地裂缝。

除了地震前大地会开裂外，地震发生时也会在地面上产生裂缝，这叫作**地震地裂缝**。它可能在岩层比较松散的地方安营，也可能在比较结实的基底岩石中扎寨。

地震地裂缝就像大地母亲张开了嘴巴，会有很多东西从里面冒出来，比如水、砂、气体和烟雾等。

在1975年发生的一场地震中，本来结冰的水坑下面突然出现裂缝，紧接着，一个3米多高的水柱从地面窜出来。随着地震的离开，水柱消失了，不过有些地裂缝慢慢变成了长时间都有泉水涌出的天然水井。

喷水冒砂是地震发生时在地裂缝处经常出现的一种现象，在平原，尤其是河边低洼的地方更为多见。这是因为在大地不断运动的过程中，这些东西被一层层地埋藏在地下，地震时，它们受到强大的挤压与推动，于是就顺着裂缝喷了出来。

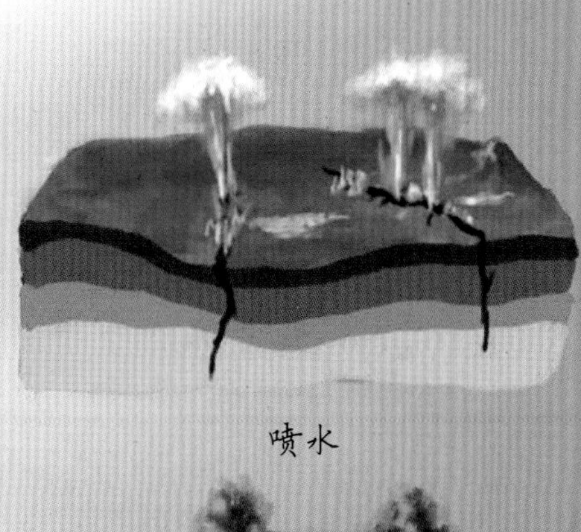

喷水

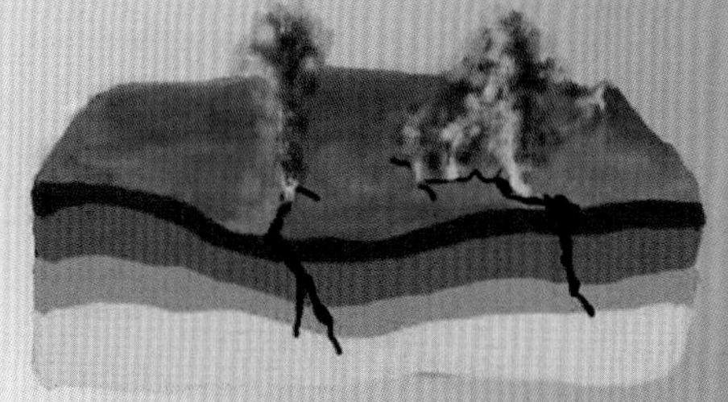

冒砂

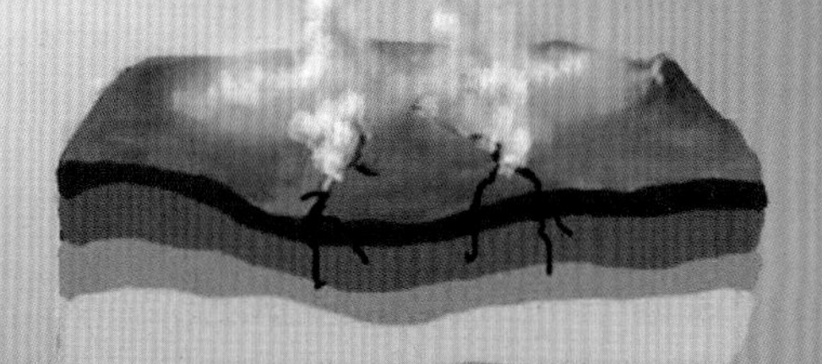

喷雾

称霸地球的三大地震带

地震就像一个潜伏在地下的“魔鬼”，来势汹汹，一旦发起“脾气”，便会在几分钟甚至几秒钟内，给人类造成巨大损失。目前，全世界主要有三大地震带，分别是**环太平洋地震带**、**欧亚地震带**和**海岭地震带**。这三处是地壳运动最活跃的地方，也是地球板块交界处，因此是地震发生最频繁的地方。

环太平洋地震带“包揽”了地球上绝大多数的地震，全世界 80% 的地震发生在这里。这个地震带环绕太平洋一周，它从加拿大西部出发，经过美国的加利福尼亚、墨西哥地区、南美洲的智利、秘鲁，菲律宾、印度尼西亚、中国台湾、日本列岛、阿留申群岛，最后到达美国的阿拉斯加。从地图上看，它的形状就像一个马蹄。

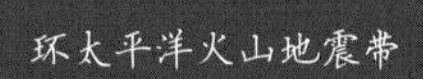

三大

亚特兰蒂斯地震陷入海底

庞贝古城火山爆发

欧亚地震带

地跨欧、亚、非三大洲，它还有一个别名，叫地中海－喜马拉雅地震带。可见，它从地中海经希腊，一直延伸到中国的西藏，然后向太平洋和阿尔卑斯山靠近。全世界 15% 的地震在这一区域发生。

欧亚地震带  海岭地震带

海岭地震带是对发生在印度洋、大西洋、太平洋海底山脉中的地震的统称，这里多是中、小地震的“聚集地”。

中国哪里最爱震动

地震带是地震经常聚集的“场所”，它主要位于板块相接的地方。地球上两个相邻的板块就像两个矛盾重重的“冤家”，一旦互看不顺眼，就会“动动筋骨”，发生“拳脚之战”。此时，两个板块会不顾一切地迎面相撞，引起强烈的地震。

我国的位置正好处于太平洋板块和欧亚板块之间，因此会受到环太平洋火山地震带的影响。与此同时，地跨欧、亚、非三大洲的欧亚地震带也在我国境内穿过，因此我国是一个地震灾害频发国。

我国地震带主要集中在四个地区，包括东南部的台湾和福建沿海，华北地区和京津唐地区，西南青藏高原和它边缘的四川、云南西部，西北的新疆维吾尔自治区、甘肃和宁夏回族自治区。

在最近 100 年的时间里，我国共发生了近 800 次 6 级以上的地震，也就是说，全球发生在大陆的大地震中，有三分之一发生在中国。这给我国带来了极大危害，全球因地震失去生命的人中，有一半是中国人。

玉树

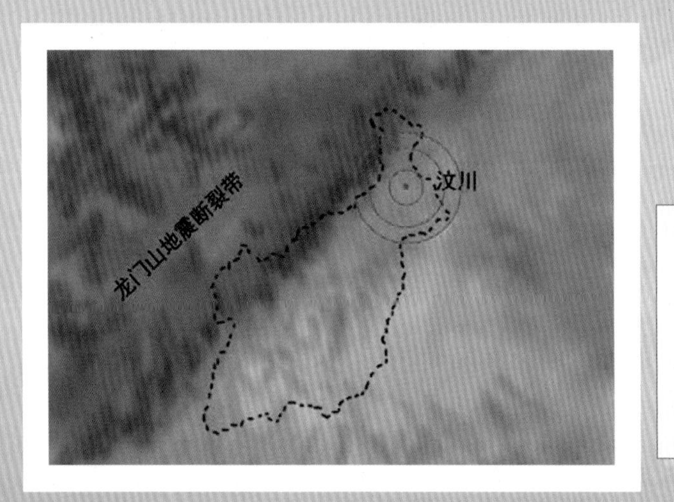

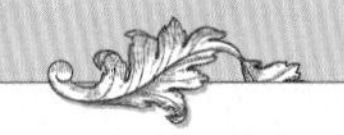

2008 年 5 月 12 日，
汶川 8.0 级大地震，
发生在龙门山断裂带的中南段

2010年4月14日晨，
中国青海省玉树藏族自治州玉树县发生两次地震，
最高震级7.1级，
地震震中位于玉树县城附近。

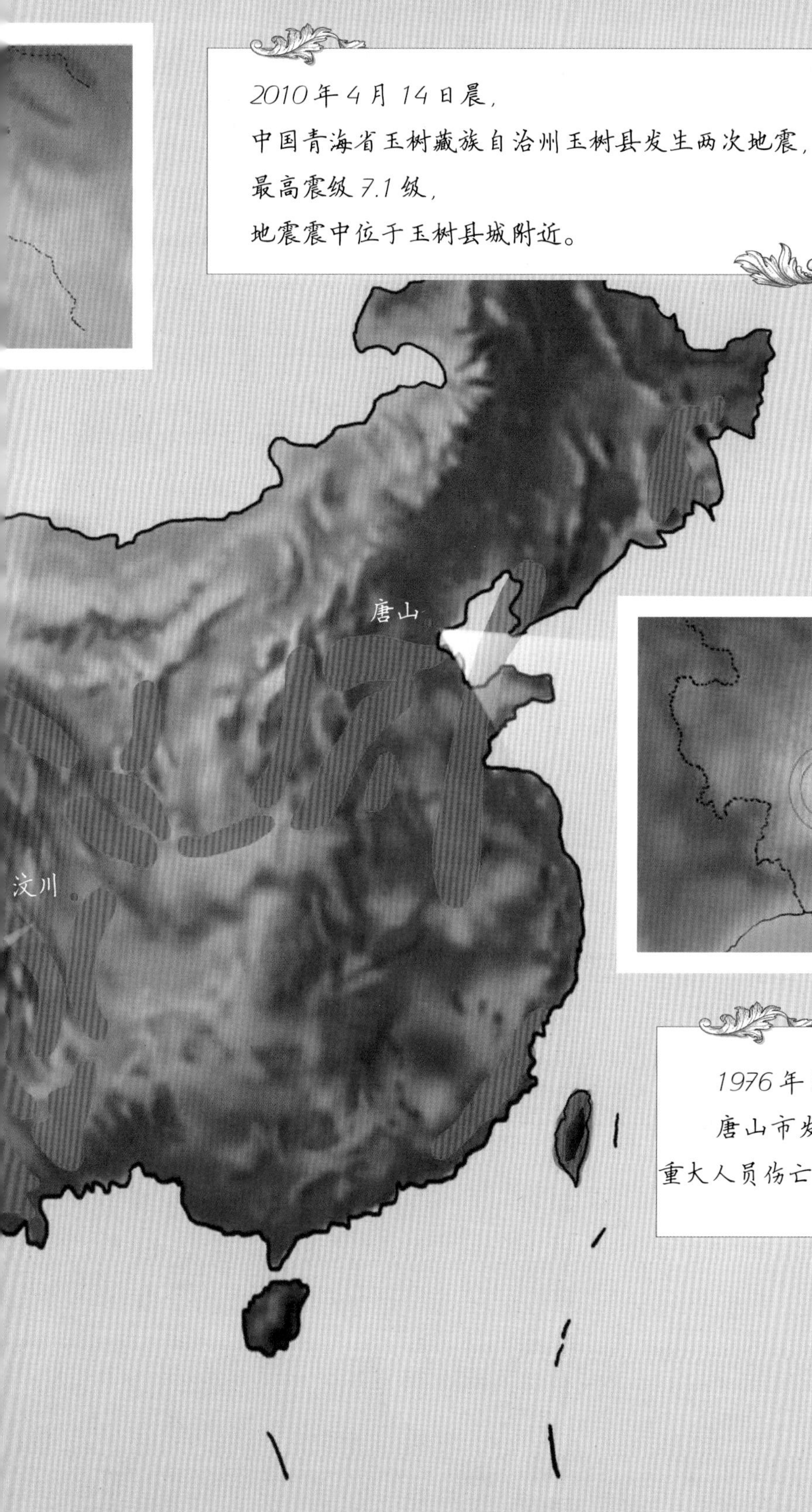

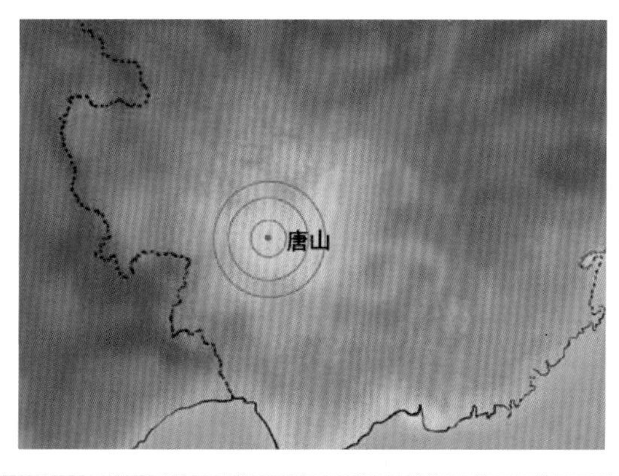

1976年7月28日凌晨3点42分唐山市发生7.8级强烈地震，造成重大人员伤亡和财产损失。

地震藏得有多深：震源和震源深度

我们已经知道，地震是因为地壳发生了变化，比如岩石受到的压力太大而断裂了。岩层断裂会引起振动，这个振动的地方被地质学家们称为**震源**，它一般藏在地下很深的地方。

地面上正对着震源的位置就是**震中**。如果我们把地面上的震中和地下的震源用一根直线连起来，这条线的长度就叫作**震源深度**，它表示震源藏得有多深。

震源、震中示意图

震源藏得越深，我们就越不容易感受到地震，因为它离我们站立的地球表面太远了；但如果震源藏得浅，离地球表面近，就会给地面造成更强烈的震动，破坏性就较大，因此凡是造成重大破坏的地震，全都属于**浅源地震**。

浅源地震是指震源藏在地下 70 千米之内的地震，**深源地震**则是指震源的深度超过了 300 千米的地震。到目前为止，科学家们发现藏得最深的震源躲在地下 700 多千米的地方，这个距离相当于你绕着 400 米的操场跑了 1750 圈。

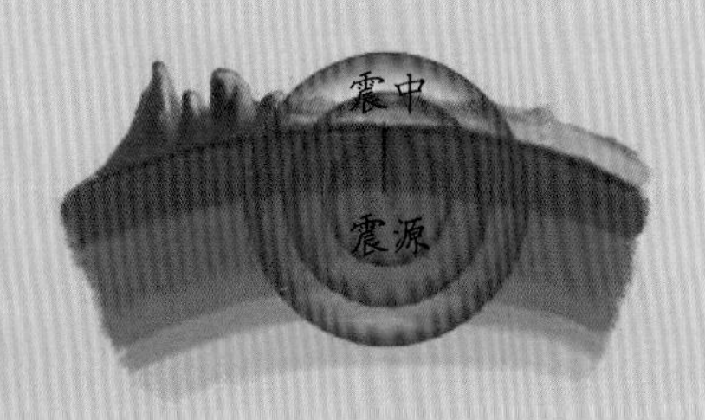

浅源地震
小于 70 千米

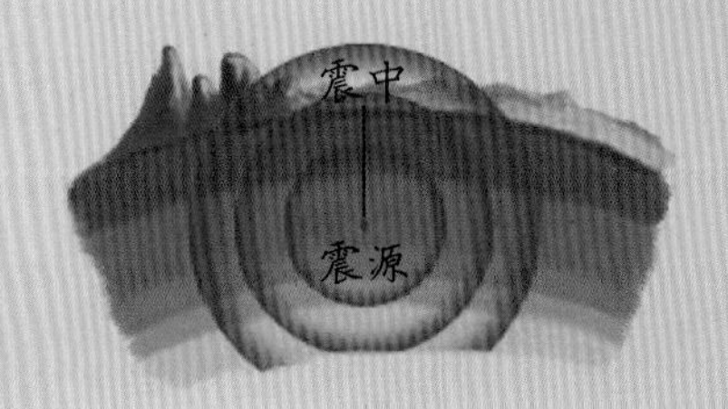

中源地震
70—300 千米

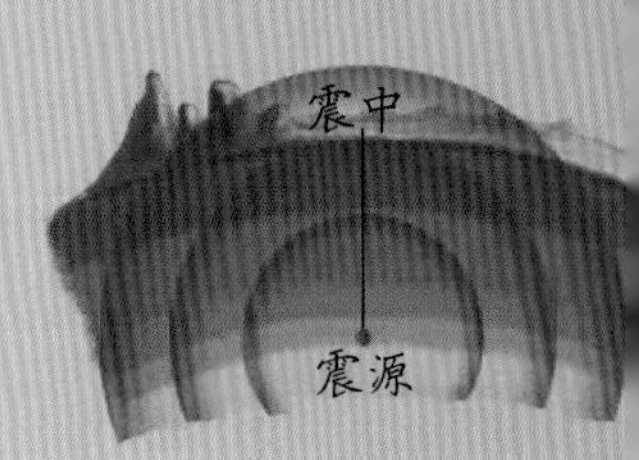

深源地震
大于 300 千米

地震离你有多远

如果听到某地发生了7级地震，你是不是觉得整个地震区域受到了同样程度的破坏？其实不然。同样大小的地震，那些距离震中越近的地方被地震破坏得越严重。

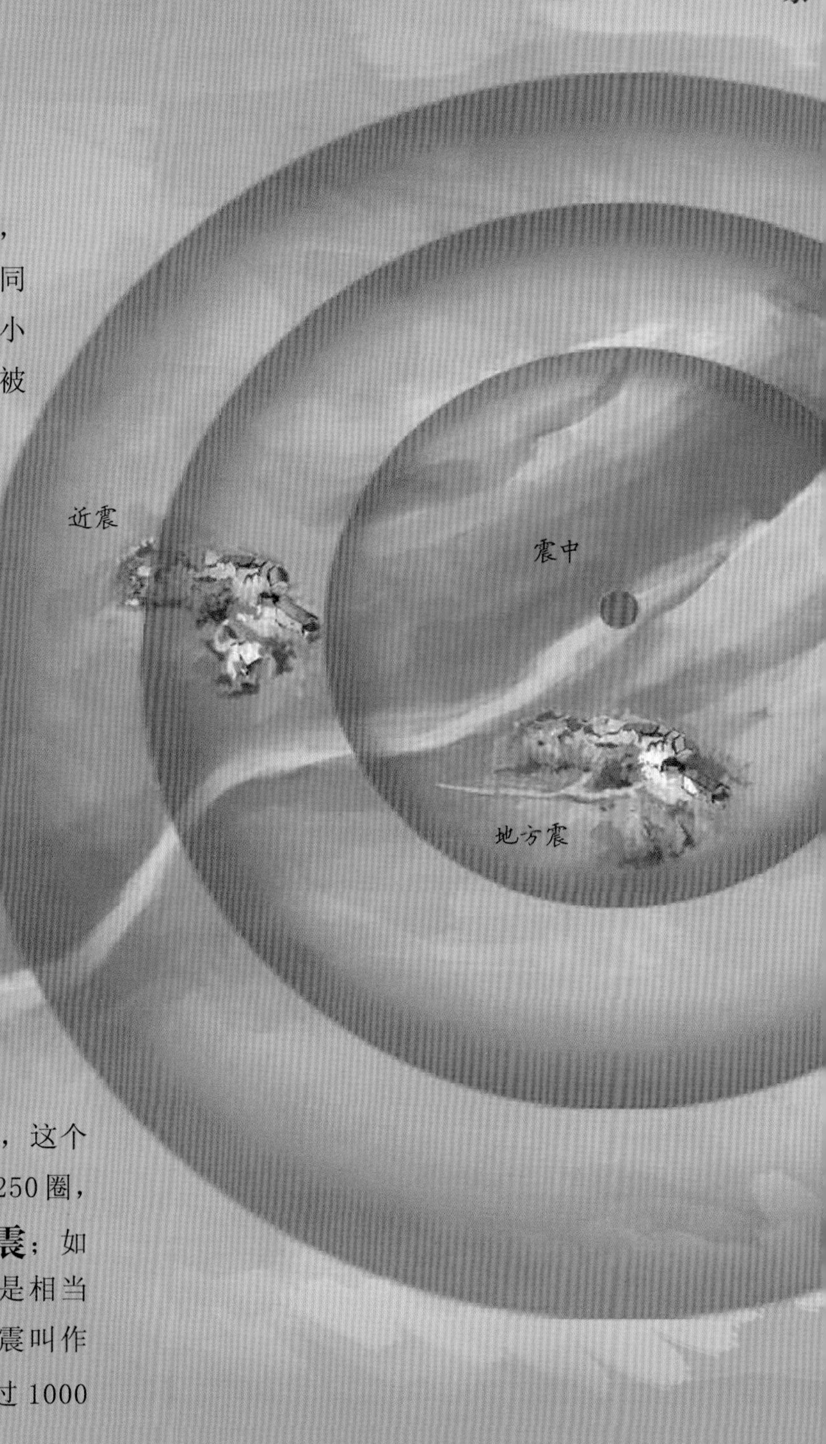

我们怎样表示地震中心离我们有多远呢？如果从我们站的地方牵一条长长的线连接震中的话，这条直线的长度叫作“震中距”。线的长度越长，说明我们站的地方离震中越远，受地震影响的程度越小；相反，距离越短，受影响就越大。

有时震中离我们不到100千米，这个数字相当于绕着400米的操场跑了250圈，这个距离内发生的地震叫作**地方震**；如果震中距达到了1000千米，也就是相当于2500圈操场的长度，这样的地震叫作**近震**；**远震**则是指震中距离超过1000千米的地震。

这是多大的地震

地震来了，有时只是房间里的家具摇摇晃晃动了几下，有时是大地出现了一条裂缝，还有时是大桥坍塌，甚至整个城市被夷为平地。

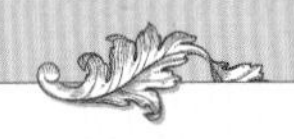

在1976年的唐山大地震与2008年的汶川大地震中，城市像一张被撕碎的纸片，满目疮痍。根据地震仪的检测，唐山大地震震级7.8级，属于强震；汶川地震震级8.0级，属于巨大地震。

那么，地震震级是如何划分的呢？威力有多大呢？

一般来说，科学家会根据地震释的能量判断地震的大小，能量释放得多，地震的级别就会越高。我们用灯来打比方吧，不同的震级相当于不同度的灯泡，亮度越大发出的光和热越多同理，震级越大的地震发出的能量越大

级别最大的地震可释放出相当于子弹爆炸10万次释放出的能量。我们做这样一个比较，如果把美国1945年在日本广岛的原子弹释放的能量用震表示为5.5级，那么，我国唐山的级大地震，就相当于2800颗这种原子爆炸所产生的能量。

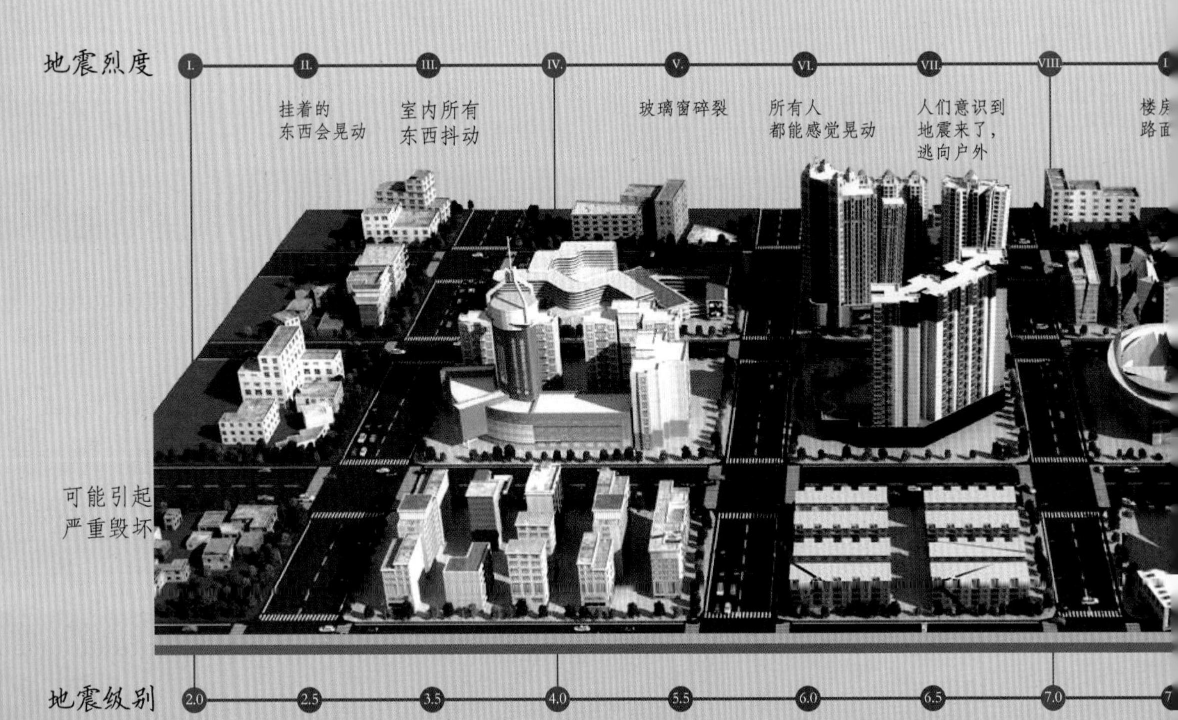
地震烈度
I.
II.
III.
IV.
V.
VI.
VII.
VIII.
挂着的东西会晃动
室内所有东西抖动
玻璃窗碎裂
所有人都能感觉晃动
人们意识到地震来了，逃向户外
可能引起严重毁坏
地震级别
2.0
2.5
3.5
4.0
5.5
6.0
6.5
7.0
仅仪器可测出地震
几乎无人察觉大地晃动
震动可感知，仅镜子遭到破坏
大多数人能感觉到地震
部分楼宇轻微受损
可能引起严重毁坏
不结实的楼房会倒塌
居民区可能遭至严重破坏

地震让城市"毁容"

虽然唐山大地震和汶川大地震的震级有差别，但它们的地震烈度是一样的，都达到了XI度。这是什么意思？"烈度"是指地震的破坏程度。破坏程度越高的地震，它的烈度越大。

那么，我们怎样判断地震烈度的强弱呢？通常，我们只需要观察地震后房子和地面的"毁容"程度就可以确定了。这是一种在没有地震测量仪器的情况下简单判断地震烈度的方法。

XI. XII.
轨纽结 山河改观

8.5 9.0
地震 地震破坏范围非常大 特大地震，全部被毁灭

如果家里的吊灯乱晃，你觉得这是几度地震？让我们一起来看看中国的地震烈度表就知道了。

烈度	现象
I度:	除了仪器外，人没有感觉。地震仪感应到地震，人们感觉不到。
II度:	感觉敏锐的人在安静的环境下能够感觉到。
III度:	只有少数人在室内安静的情况下能感觉到，挂着的东西会稍稍晃动。
IV度:	大多数人都会感觉到地面晃动。挂在墙上的东西、天花板上的吊灯会晃动，瓶子罐子会互相碰撞倒下来。
V度:	熟睡的人会被惊醒，小动物们惊恐不安，墙上出现裂缝，门窗咣咣响，大部分在屋外的人都能感觉到。
VI度:	多数人站立不稳，檐瓦会从房顶上落下来。有些人会惊慌，本能地向屋外跑。
VII度:	几乎所有人都会惊慌地逃向户外。地面上会出现很多裂缝，有些裂缝中还会喷出砂，冒出水。
VIII度:	人们觉得摇晃颠簸，走路觉得困难。房屋倒塌，人和动物会因此死亡，树木稍有折断。
IX度:	走路的人会摔倒，岩石出现裂缝和错动，山上滑坡和塌方。
X度:	房屋倾倒，道路毁坏，山石大量崩塌，水面大浪扑岸，人会觉得被抛起来。
XI度:	房屋大量倒塌，路面河堤大面积崩塌，地面破坏严重。
XII度:	建筑物基本全部被损坏，山河改观，动植物遭毁灭。

对照上面的内容，你是不是已经知道吊灯晃动属于几度地震了？

奔跑在地球内部的地震波

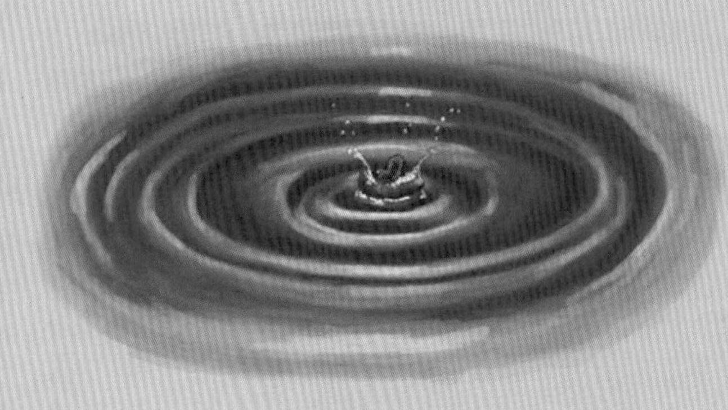

地震发生时，岩石会产生一股剧烈的波动，这如同我们朝池塘里扔了一颗石子，受到撞击的水面会以石子为中心，瞬间荡出一圈圈漂亮的水波。地震发生时也会有这样的波纹，它们从地球表面向地球中心慢慢传去。

这种波纹是如何形成的呢？

平时我们看到的水波是一圈圈地向外荡去，但其实水并非向外流，而是在原地上下跳动，它旁边的水因此受到干扰，也跟着一起上下跳动。就这样，越来越多的水加入了这场运动，仿佛接力赛一般，于是我们就看到了一圈圈水波。

地震也是同样的道理。地壳运动时，一处岩石开始震动，随之带动旁边的岩石也开始震动，就这样，从地下直到地面的岩石一起震动，我们便感觉到了大地的摇晃和颤动。这种震动最终也会产生水波一样的波纹，我们叫它**地震波**。可惜，人们没有办法像观察水波那样直接看到深藏在地球中的地震波，只能通过专业设备来测量。

人们在观察地震波的过程中，发现地球像鸡蛋似的有地壳、地幔和地核三结构。为什么地震波会帮助人们发现地的结构呢？

池塘里的水波遇到阻碍，它的形状发生变化，地震波也是一样。当地震波地球中心奔跑时，遇到障碍后，地震波形状和速度都会发生变化。人们发现地波在传播过程中发生了两次改变，这说地球遇到了两次阻障。经过研究，谜底于揭开了：地震波从地壳出发去往地心第一次变化是受到地幔的阻碍，第二次化便是因为地核的拦截。

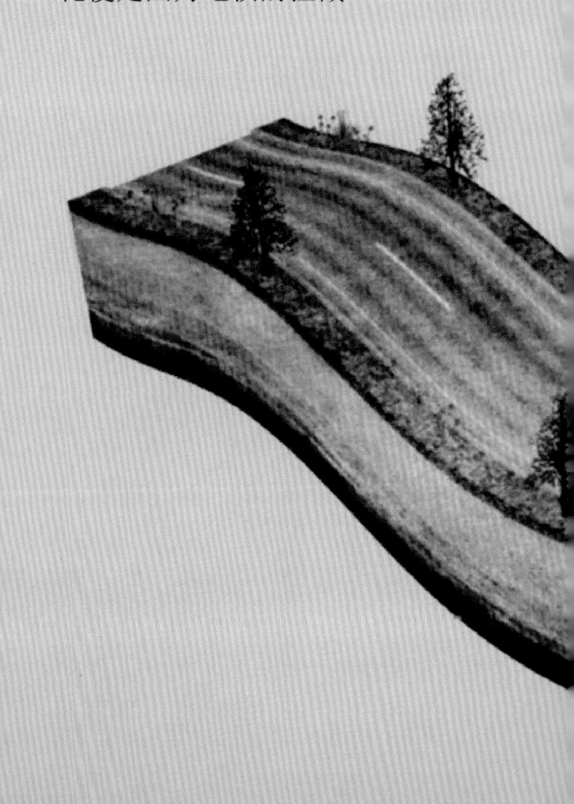

为什么上下颠，为什么左右晃

地震来时，为什么我们会先感觉上下颠，接着感觉大地左右摇晃呢？原来，地震波有两个兄弟，它们是**纵波**和**横波**。纵波往往朝上或朝下跑，横波通常向左右两边跑。由于纵波跑的速度快，提前到达地面，因此人们就会感觉到地面在上下颠；过不了几秒钟，横波也赶来了，人们这才感觉到左右摇晃。所以，每当地震来临时，我们会感觉“先颠后晃”。

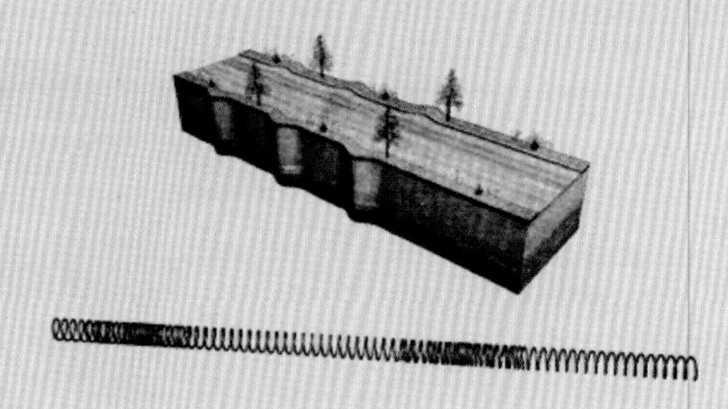

纵波

与人一样，科学家的地震仪器也是先探测到跑在前面的纵波，这时它就会发出地震预警信号，让人在横波到达前对地震做出反应。

所以，当你感觉到大地上下颠簸的时候，如果可能就要尽快到空旷或安全的地方避震，因为这表示更大威力和破坏力的地震大部队就要到了。等横波一到，地面的运动会更加强烈，人们就像是站在风浪中的帆船上一样，摇来晃去无法站稳，甚至摔倒。

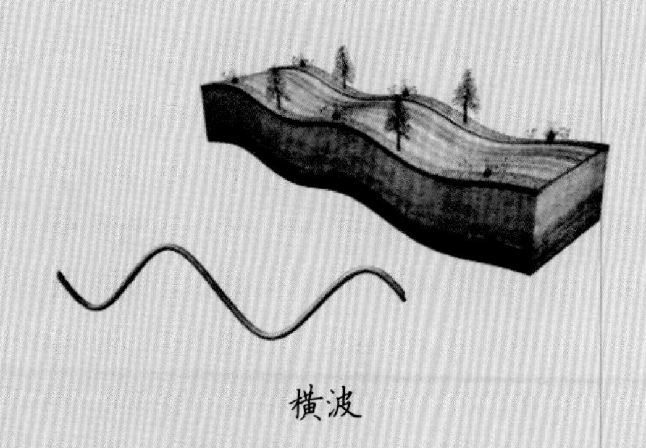

横波

横波和纵波统称为体波。此外，地震波家族里还有一个叫**面波**的“复杂成员”，它虽是体波在地表衍生的次生波，却对建筑物的破坏最为强烈。

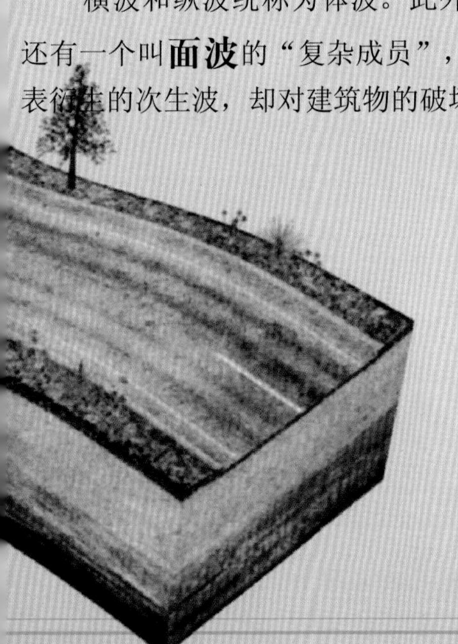

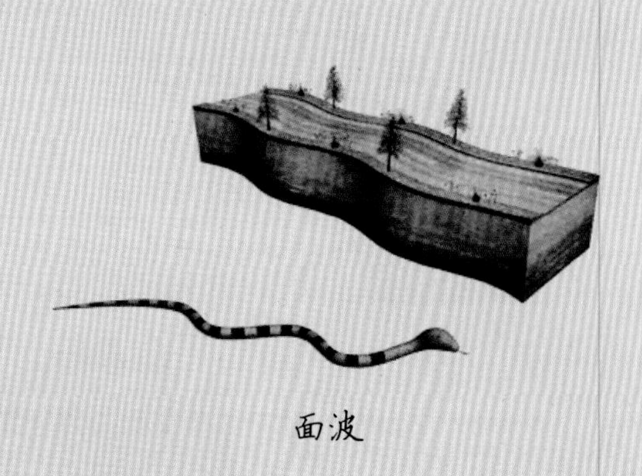

面波

地震多久来一回

每年地球上发生的地震超过 500 万次，不过，大部分地震规模都很小，又或者离我们很远，所以我们感觉不到。能够造成房屋毁坏的地震，每年大概有十几次。那么，地震发生有什么规律呢？

地震有时候很活泼，在一个地方经常爆发，过了这段时间，它会变得很安静。又过了一段时间，它再次出现，变得活跃。就这样，它会频繁打扰人们。地震的这种一会儿活跃一会儿安静的特点，叫作地震周期性。

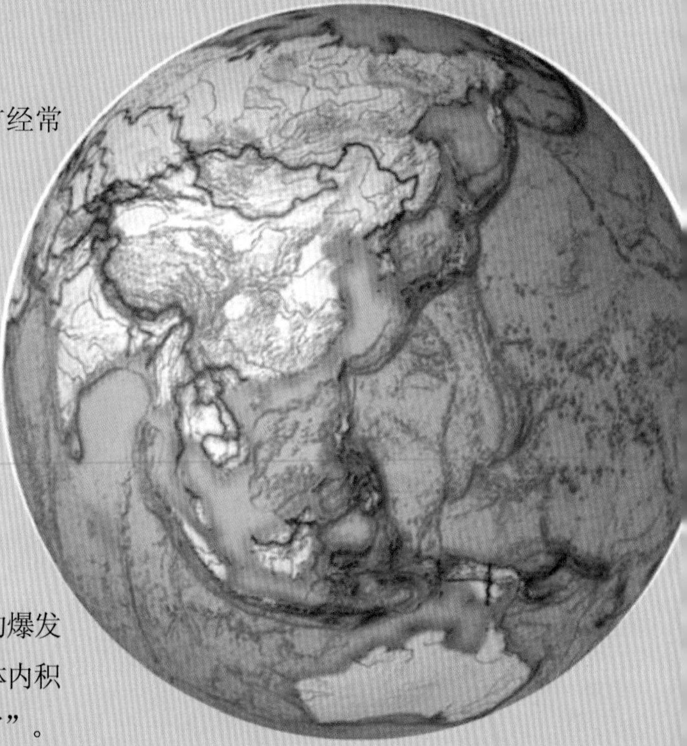

我们睡觉时，是让大脑和身体尽情地休息，以便第二天能够更好的学习和玩耍。地震安静时也是这样，它虽然闲下来，但同时也在为下一次的爆发积累着能量。时间一到，它就会将身体内积累的能量释放出来，爆发它的“小宇宙”。

地震多久来一回？具体的时间说不准，这不是一个固定的数字。但可以确定的是，它一定会重复出现，并且通常有大概的周期。

比如，1976 年中国发生了唐山大地震，往前推 297 年，这条地震带上也发生过一次如此大规模的地震。这与该地区 300 年的地震周期吻合。

另外，一些大地震来临前，会先派许多小地震前来探路，之后一段时间，这里回归平静。千万不要被这种平静的假象迷惑，其实，地震大部队很可能紧跟着它们，正在赶来的路上。

精干的地震作战部队

地震可不是一个喜欢单打独斗的家伙，它们靠的是团队合作。这就像是一支打仗的军队，先派几个士兵来探路，确定目标后主战大部队才出现，最后的小部队扫荡残余。

地震中的前震就是探路兵，发生在主震前，是一些规模比较小的地震。之后，最精干、数量和威力最大的主震部队登场了。主震时，大量的能量从地下冲出来，主震结束后，这些能量还没有释放完全，憋在身体里是一件不舒服的事情，于是地球还要继续释放能量，所以负责扫荡残余的余震就会不断光临。在主震离开后的1天、1周、1个月内、1年甚至数十年，余震都有可能出现。

不过也有一些地震不是以“部队”的形式作战，它们不需要前震，也没有后震，只是一个主震就完成了任务。

1976年，中国唐山凌晨3点发生7.8级大地震，15小时之后发生了滦县7.1级地震，4个月后又发生了宁河6.9级地震。唐山地震中没有前震来探路，但是后继的余震却在这里“扫荡”了很长时间。在唐山地震发生后的30多年里，一直有余震在活动。

探路兵

前震

主战部队

主震

后备小部队

余震

天空为什么会发光

1970年，云南某地的天空中突然出现了一片红光，之后红光变成蓝色，紧接着地震就发生了。在地震震动过程中，天空出现一束4米高的光束，并持续了十几分钟。

1976年的一个夏夜，唐山酷暑难耐，阴沉沉的天空中突然挂上了一片颜色奇怪的云彩，红色不正，紫色不浓。突然，某处就像失火了一样，照亮了整片天空，地面被照得惨白，地里农作物的藤蔓枝叶清晰可见。与此同时，有人在郊外看到一个红彤彤的火球从地底跳出来，身上还带着噼里啪啦的鞭炮声。就在人们还在为这些突然出现的怪事唏嘘不已时，第二天早晨，7.8级的大地震便摧毁了这座城市。

这些奇特的景象正是地震的前奏曲。神秘的闪光叫作地光，一旦地光出现，就预示着将有一场大地震尾随其后。那么，为什么地震前会有地光出现呢？

地震发生时，地层彷佛被一掌劈断，摇摇晃的岩石彼此相互摩擦，就像我们来回搓手时会变热一样，岩石同样会产生很大的热量。不如此，它们之间还擦出了小火花。

来回的摩擦让岩石热得受不了，它只能通“排汗”给自己降温。身体里的水分跑出来，下子就被外面极热的温度分解成了两部分，这部分和小火花相遇便发生了巨大的爆炸，爆炸生的光就从地缝中跳出地面，这就是地光。

1966年，前苏联塔什干地区在发生大地震前的几个小时，关闭着的日光灯突然忽明忽暗地闪烁亮光，不久地震便发生了。

难道日光灯闪烁也和地震有关系吗？

原来地震发生时，一种名叫氡的家伙会从壳中跑出来，遇到空气后它会释放出许多其他体。这些气体在空气中横冲直撞，惹怒了大地上的电场，当大气静电场达到一定的程度，于空气就开始放电，那些日光灯就好像被空气通电，于是便开始闪烁了。

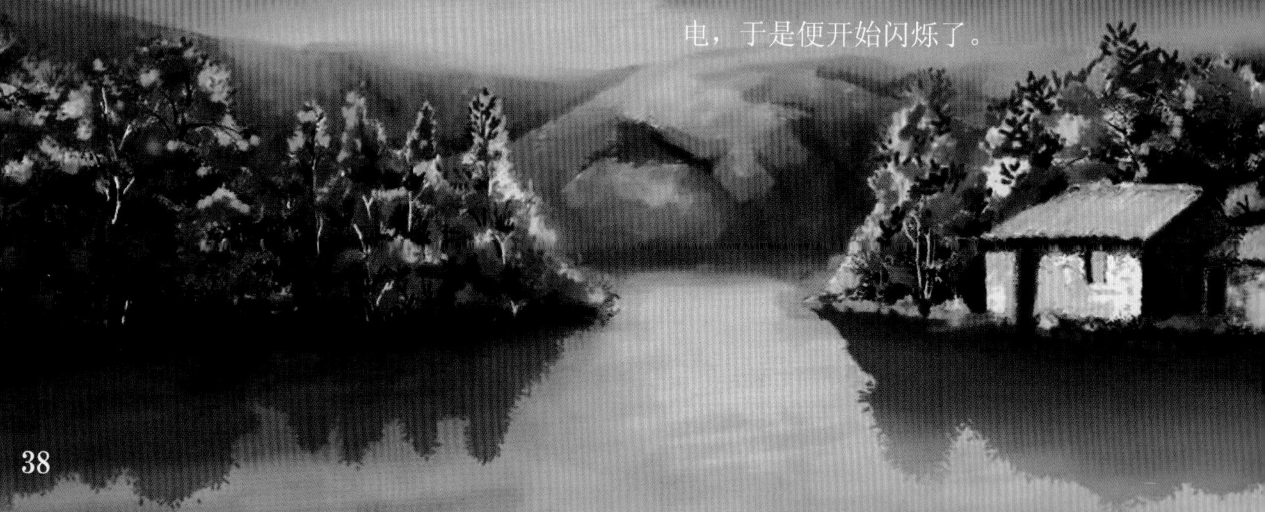

地球会打嗝

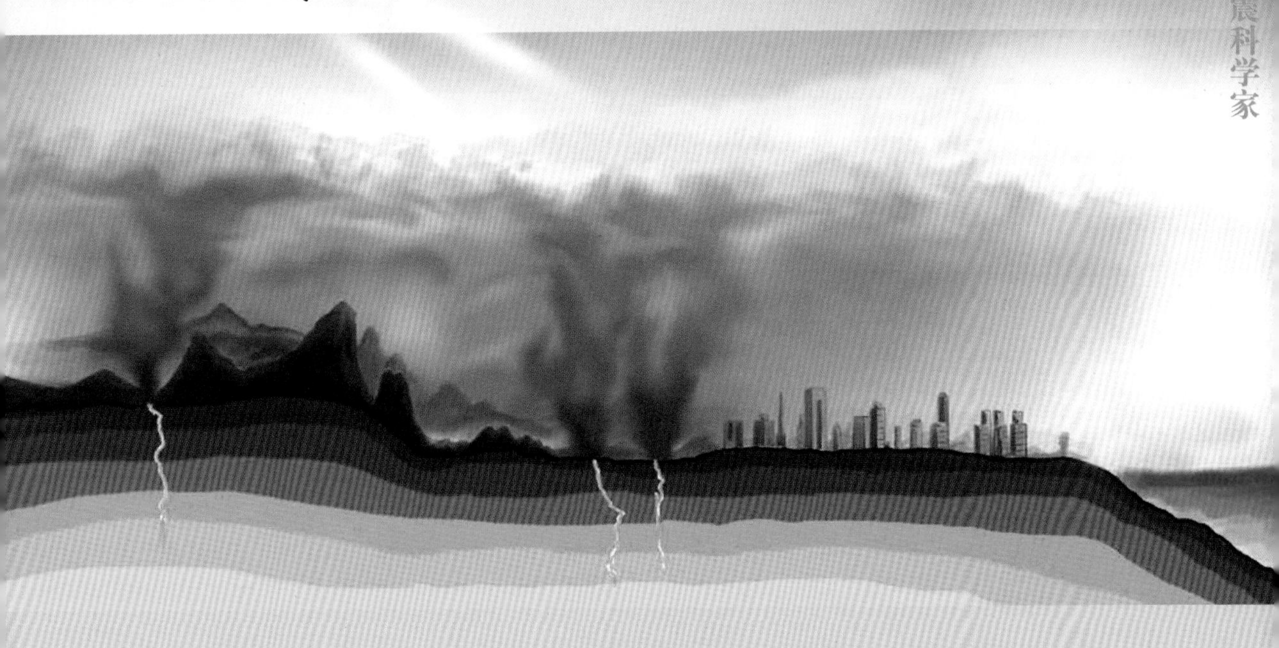

1668年，山东郯城曾发生8.5级大地震，当时黑雾笼罩着大地，就像蒙上了一层黑色的纱帐；1975年，辽宁海城发生7.3级地震，本来星光闪耀的天空被一片黑雾罩住，人们睁大眼睛却什么也看不见。

地震之后，天地彷佛打开了开关，又一下子明亮起来。这种遮天蔽日的雾气被人们称为**地气**。

因为晃动太过猛烈，地震时地球会不停地打嗝，不同种类的气体从地下跑出来，混合在一起就成了能够把白天变成黑夜的“魔术手”。虽然地气也是一种雾，但它和雾气家族的同胞们有很多不同之处。

普通的雾一般在晚上出现，因为气温低，水汽集结成小水珠悬挂在空气中，所以它们害怕太阳。太阳一出来，温度升高，它们就跑得无影无踪了。而对于地气来说，无论白天夜晚，它只出现在地震之前，地震之后就销声匿迹了。

地气可谓五彩斑斓，黑、白、黄是它的主色调，有时还会掺杂其他颜色。这些颜色在地震来临时分批行动，负责不同的阵地。

平时生活中的雾气，它们身上带着很多小水珠，因此会让人们感觉凉凉的；而地气则是裹挟着地球身体内的热气跑出来的，它烘烤着人的身体，还会发出火光和响声。

给地球把把脉：地震来了提前知

随着航天事业的发展，飞天已经不是难事，入地却依然是人类无法解决的难题。地壳内部发生着很多变化，我们却无从得知，只能通过地面上的变化来推测。对于地震这个经常跑来“骚扰”人类的家伙，我们希望能够在它到来之前就了解其踪迹。

东汉张衡发明地动仪

生活中的很多时候，我们完全可以通过观察周围的事物，比如地下水、动、植物来预测地震。

地下水是地壳的成员之一，藏在岩石缝和地下溶洞中。地震在地下悄悄生长时，会引发各种力量变化，这种变化会让地下水的温度和成分发生改变。如果发现井里的水翻腾着水花，冒着气泡，又或者颜色、气味发生了变化，就要警惕地震的降临。

我们打喷嚏前，会感觉有一股力量正朝着鼻子和嘴巴涌来，同样，地震到来前周围的环境也会有所变化：地面温度升高、异常声音山现、空气中散布着特殊的气味……这些变化人类往往感觉不到，而敏锐的小动物却能觉察。比如，牛会觉得蹄子被脚掌下变热的土地灼烧，耳朵里能听到异常声音，鼻子闻到了特别的味道，因此它们表现得狂躁不安。

1971年的冬天，长江三角洲区域不少地方的青菜开花了，可它们本不该在这时开花。没多久，这里就发生了4.9级地震。

人们将地震前动物们的异常表现总结成一支歌谣：

牛马驴骡不进厩，猪不吃食拱又闹；
羊儿不安惨声叫，兔子竖耳蹦又跳；
狗上房屋狂吠嚎，家猫惊闹往外逃；
鸡不进窝树上栖，鸽子惊飞不回巢；
老鼠成群忙搬家，黄鼠狼子结队跑；
冰天雪地蛇出洞，冬眠动物复苏早；
倾听大雁定向飞，蜜蜂群迁跑光了；
青蛙蛤蟆细无声，鱼翻白肚水上跃；
野鸡乱叫怪声啼，蝉儿下树不鸣叫；
园中虎豹不吃食，熊猫麋鹿惊怪嚎；
大鲵上岸哇哇叫，金鱼出缸笼鸟吵。

地震在酝酿的过程中会产生很多能量，这些能量往往会引起地下温度升高。与大地亲密接触的植物自然很快就感受到地下温度的变化，因此提前开花，有些植物甚至会提前结果。

不过，植物一反常态提前开花结果并不一定就是地震要来了，地球气候的变化也会引起植物的异常反应，所以预测地震还要综合考虑各方面的因素才行。

是躲还是跑

遭遇地震，究竟应该如何应对？

如果你感觉到地面轻微的晃动，那么在教室一、二层的你要迅速跑到外面空旷的场地上；如果感觉到强烈的晃动，周围的物品都乒乒乓乓地掉落，墙也摇晃得厉害，这时候反倒一定不要往外跑，因为此时逃跑很容易因踏空而摔伤，或者被倒塌的房屋掩埋。此刻要做的是，找到距离最近的安全地点躲避，等震感不太强烈的时候再往外跑。

这只是在地震发生时我们采取的应急方式，在地震没有发生前，我们也要从各个方面做好准备，尤其是住在地震多发区的人们。

应震小常识

1. 楼道或者门口不要堆放杂物。因为这两个地方是我们的逃生之路，因此要保持通畅。
2. 不要住在建筑不牢固的房子里。
3. 如果有条件的话，把房间和床加固。家里个头比较高的家具或者物品要固定住，以免地震发生时倒下砸伤我们。
4. 地震来时如已无法往外跑，迅速躲到结实的家具下面，如结实的书桌和床的下面。
5. 家里的物品摆放也要讲究。轻的东西放上面，重的放下面。容易燃烧和爆炸的东西要放到安全的地方，有毒的东西也要妥善放置。挂在墙上的装饰物或者玩具要取下来，以免地震摇晃时掉落砸伤我们。
6. 平时可以准备一个包，里面放上如毯子，饼干，饮用水等，然后把它放在容易拿取的地方。地震发生时，我们可以迅速带走这些物资，以保障地震结束后能满足基本的生活所需。

在室内要躲在哪里才安全

地震发生时，在室内一定要避开悬挂风扇或灯具的地方，不要跳楼，不要到窗户、阳台附近，厕所和厨房等狭小的空间，是相对安全的地方。

如果你正在家里，地面晃动得不厉害，千万要保持冷静，先关闭电源、火源和煤气，然后迅速到室外空旷的地方避震；如果地面颠簸站不稳的话，要想办法躲到结实的床下、家具旁边或者墙角。

如果你正在教室里上课，要听从老师的指挥，抱住头、闭上眼睛，躲到结实的桌子下面，而且要背对窗户，以免被破碎的窗户划伤；如果地震来时你正在一、二层走廊课间休息，要迅速往教学楼外跑，不要惊慌，不要拥挤，以免摔倒被踩伤。

在其他公共场合同样要保持镇静，按照工作人员的安排撤离，避开人流，不要乱挤乱拥。

要是你正在逛商场或者坐地铁，首先抱住头，选择结实的柜台、柱子或者墙角边蹲下，远离玻璃柜台或者门窗，远离高大又很容易倒塌的货架，远离广告牌和商场天花板上的悬挂物。

如果你正在乘坐公交车，司机会马上停车，乘客要等到地震过去再下车。为了防止摔伤，乘客要紧紧地抓牢汽车上的扶手，躲到座位旁边。

不管在哪里，记得不要去乘坐电梯，因为地震可能破坏电路，我们会因此被困在电梯中。

在外面怎样躲避地震

地震来时，如果你正在马路上或者街边，请离开高大的建筑物，如立交桥、过街天桥。

远离高高悬挂的危险物，如广告牌、电线杆和路灯等。

选择空旷的场地躲避，如广场、草坪。

我们在平时要经常参加应急疏散的演练活动，知道怎样安全地到达避难场所，知道安全的行为是什么，掌握避险和自救、互救的技能。

如果你正在野外游玩，要远离山脚和陡崖，以免被滚落的石头砸伤，或者遭遇泥石流、滑坡等灾难。

万一遇到山崩或者滑坡，这时石头是往山下方向滚落的，你可千万不要跟在石头后面跑，你跑的方向要和石头跑的方向垂直，就像是一个十字架。

地震还会引发火灾。如果你在室外被包围在一片火场中，要把已经被烧着的衣物脱掉，或者躺在地上打滚，扑灭火苗，记得不要试图用手去扑火苗，因为你的双手可能会因此烧伤。

保护好自己最重要

如果地震中被埋住，我们应该怎么办呢？这时候要尽量保持镇静，改善周围的环境，保护好自己，然后想办法脱离危险。

1. 救援者告诉我们，在地震中大喊大叫绝不是明智的举动，因为这样很多烟尘会被吸入到肺中，被呛到很难受，甚至会窒息而亡。

地震中保持镇定很重要，要坚信救援人员一定能够找到自己，在此之前不要乱喊叫，否则只会浪费体力。仔细观察周围是否有人，如果听到外面有声音，你可以呼喊，或者用石头敲击墙壁传达救命的信息。看周围有没有光亮传来，分析自己从哪个地方可能会脱离危险。

2. 保护好自己最重要。搜索身边有没有食物和水，记得要节约食用。如果没有水，在非常特殊的情况下，可以用尿液解渴。

如果被建筑物等砸伤了，尽量不要活动用衣服等给自己包扎止血，以免感染伤口不要乱动压在下面的水或电路，不要点火避免发生危险。

3. 观察周围的情况，为自己清理出一相对安全的空间。先把双手从废墟中抽出来保持呼吸顺畅，把脸和胸部的杂物挪开。果被压在一些倒塌物的下面，试着把压在上的东西搬开，搬的时候要先试探，防止来进一步的倒塌。如果身体上方有一些残的房屋或者建筑，试着用砖头、石块或者棍将它们支撑住。要是余震再来的话，能减小它们再次坍塌的可能。

4. 如果遇到室内的火灾，用湿毛巾或服把嘴巴和鼻子捂上，同时趴在地上。因烟雾是往上跑的，趴在地上能避免吸入更的烟雾。

不要乱喊叫

不动水

第四章　防震避震小常识

灰尘太大时，用湿毛巾捂住口鼻

扎止血

清理安全的空间

图书在版编目（CIP）数据

学做小小地震科学家 / 北京市地震局，北京市科学技术委员会著．– 北京：地震出版社，2014.4（2020.7重印）

ISBN 978-7-5028-4408-0

Ⅰ．①学… Ⅱ．①北… ②北… Ⅲ．①地震 – 青年读物②地震 – 少年读物 Ⅳ．① P315.4–49

中国版本图书馆 CIP 数据核字（2014）第 046041 号

地震版 XM4707/P（5098）

学做小小地震科学家

北京市地震局　北京市科学技术委员会　著

责任编辑：范静泊

责任校对：凌　樱

出版发行：地 震 出 版 社

北京民族学院南路 9 号　　邮编：100081

发行部：68423031　68467993　　传真：88421706

门市部：68467991　　传真：68467991

总编室：68462709　68423029　　传真：68455221

市场图书事业部：68721982

E–mail：seis@mailbox.rol.cn.net

http://www.dzpress.com.cn

经销：全国各地新华书店

印刷：永清县晔盛亚胶印有限公司

版（印）次：2014 年 4 月第一版　2020 年 7 月第七次印刷

开本：787 × 1092　1/16

字数：68 千字

印张：3

书号：ISBN 978-7-5028-4408-0

定价：20.00 元

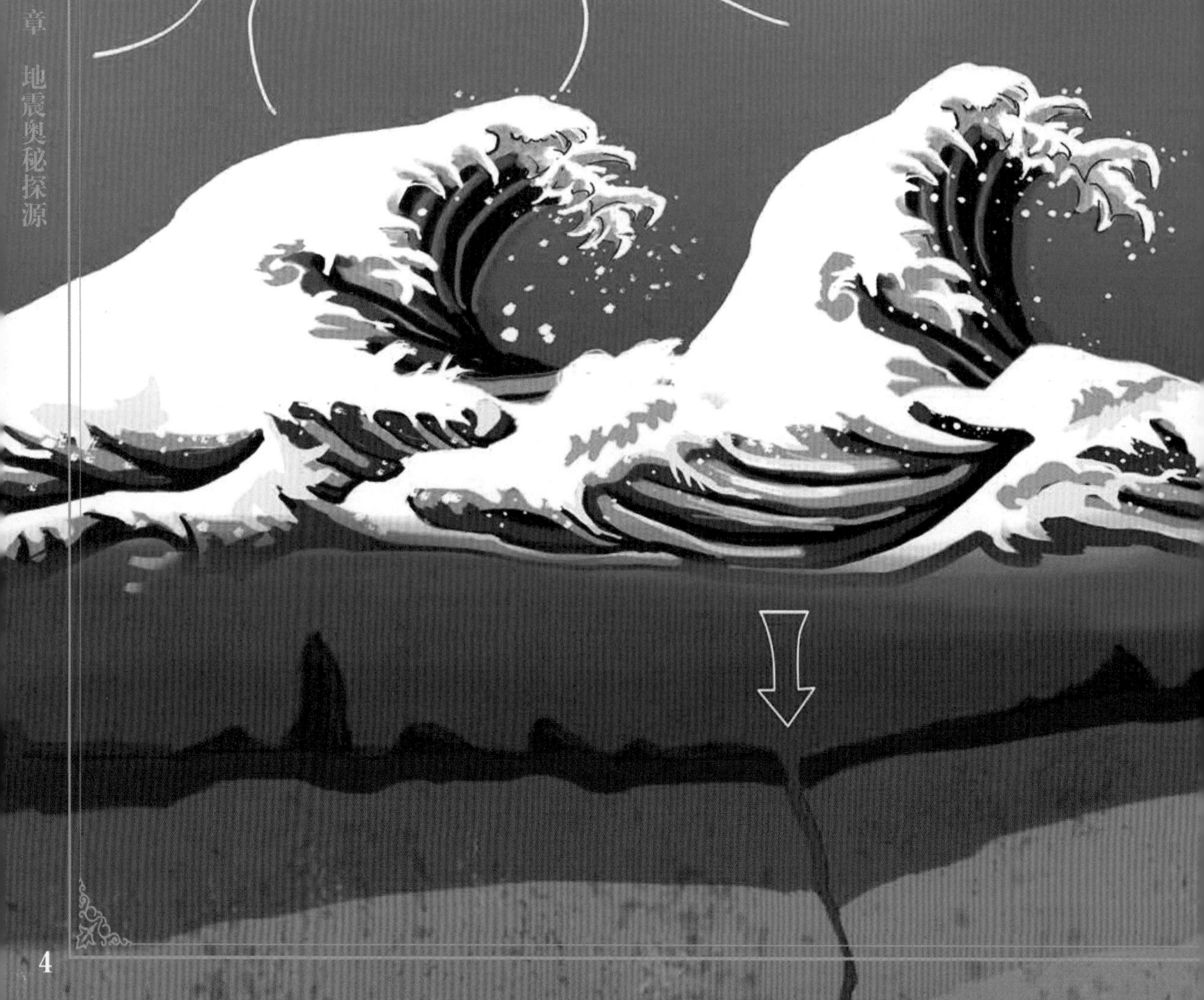

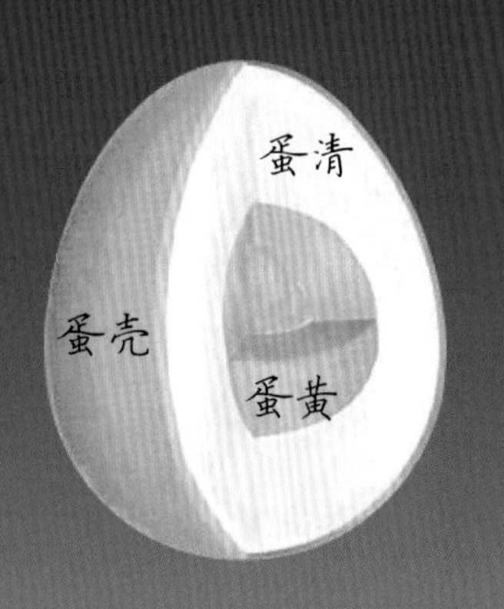

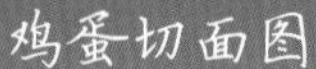

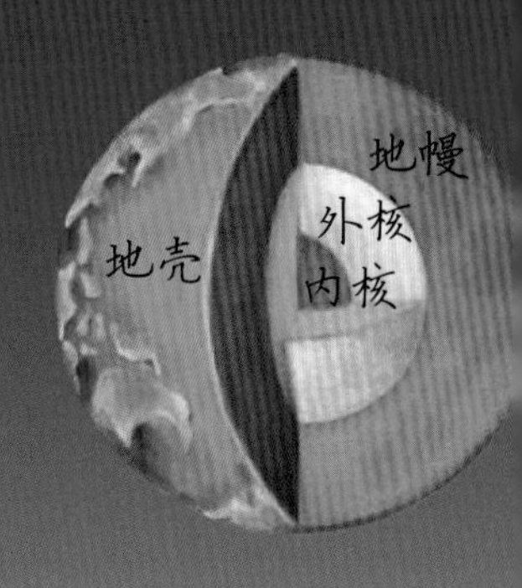

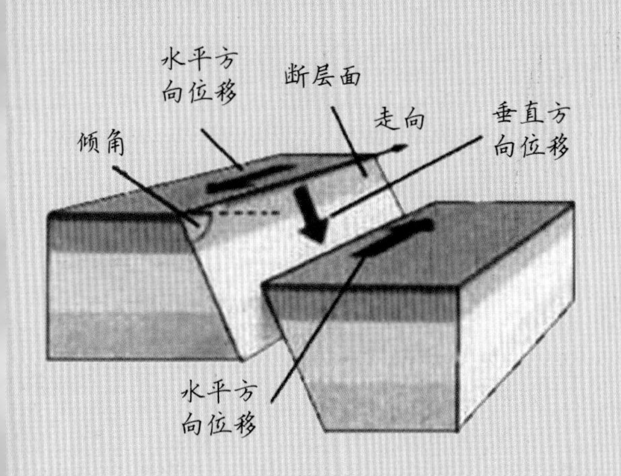

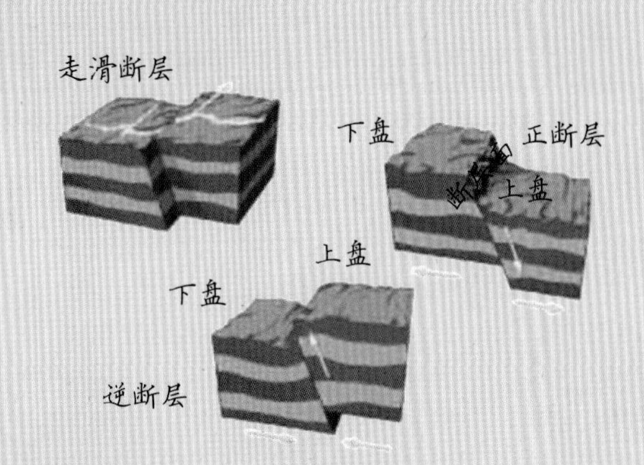

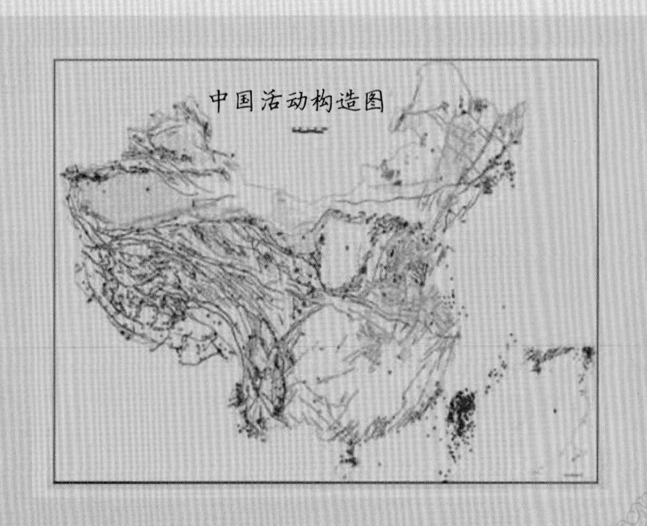

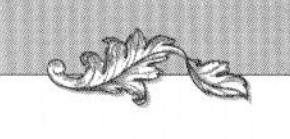

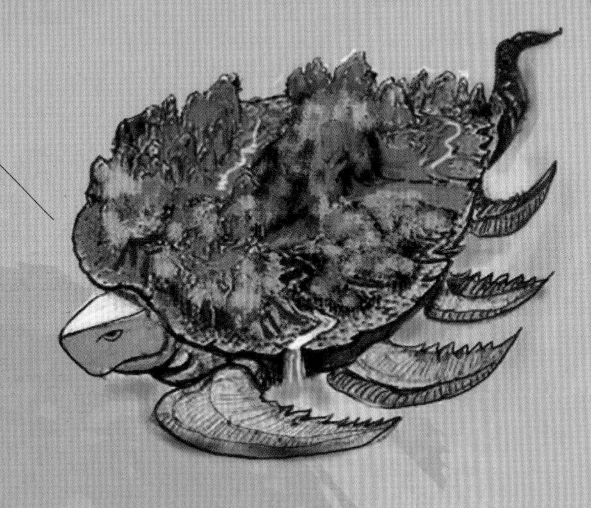

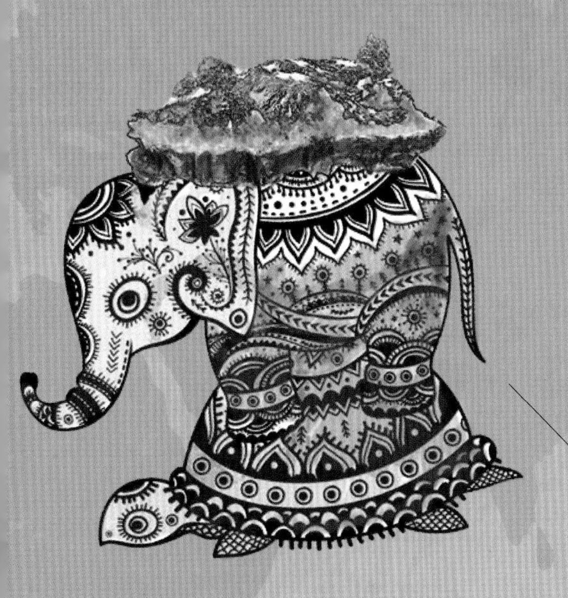

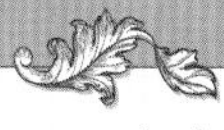

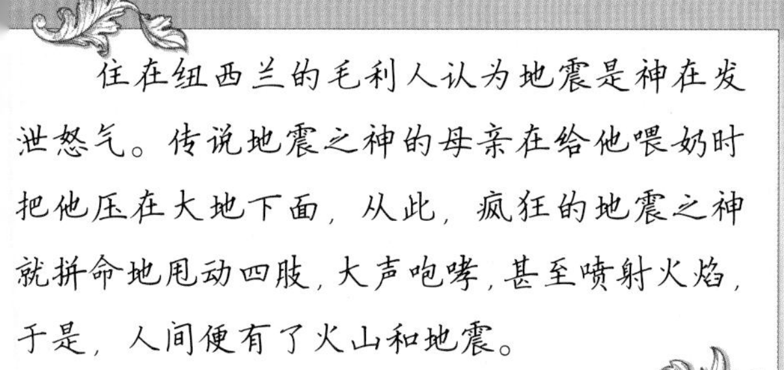

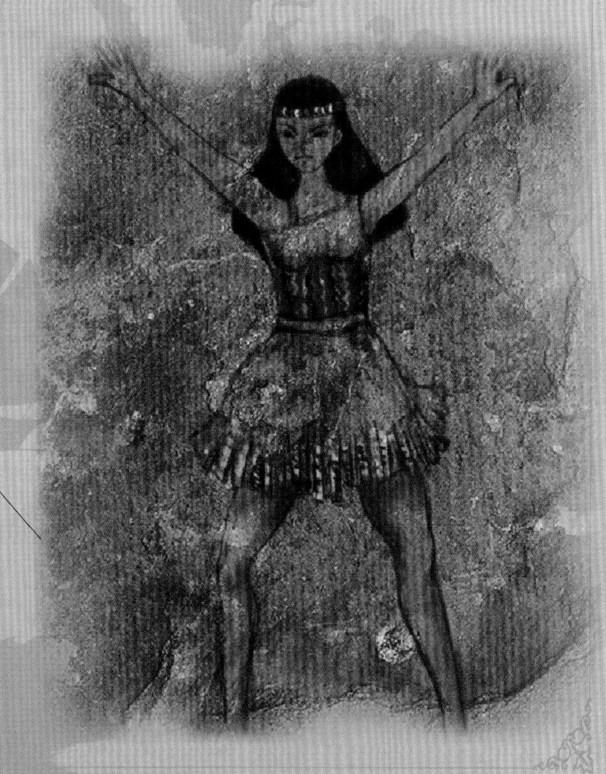

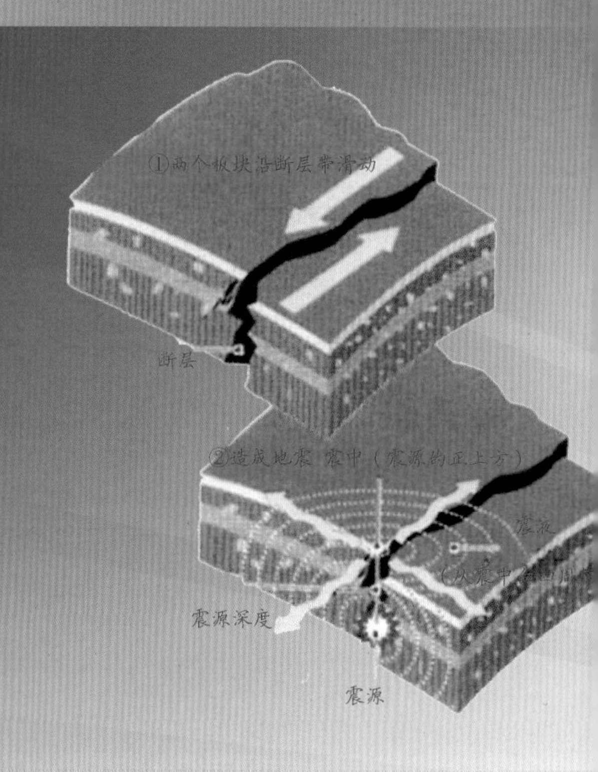

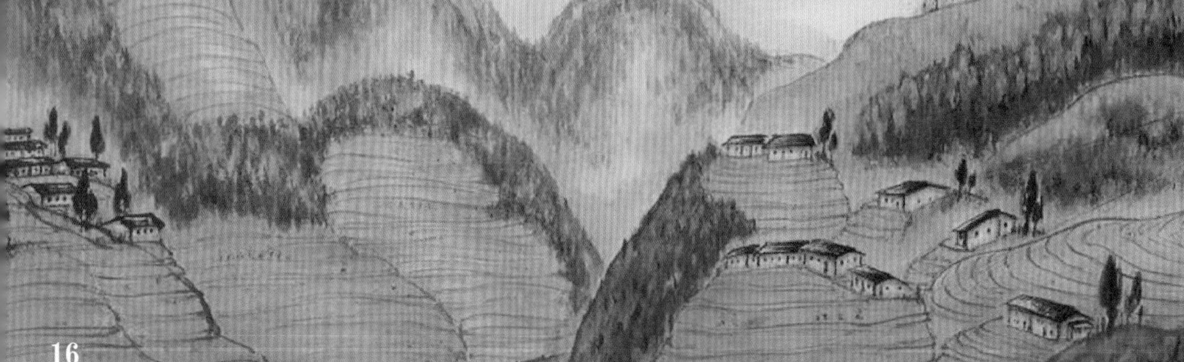

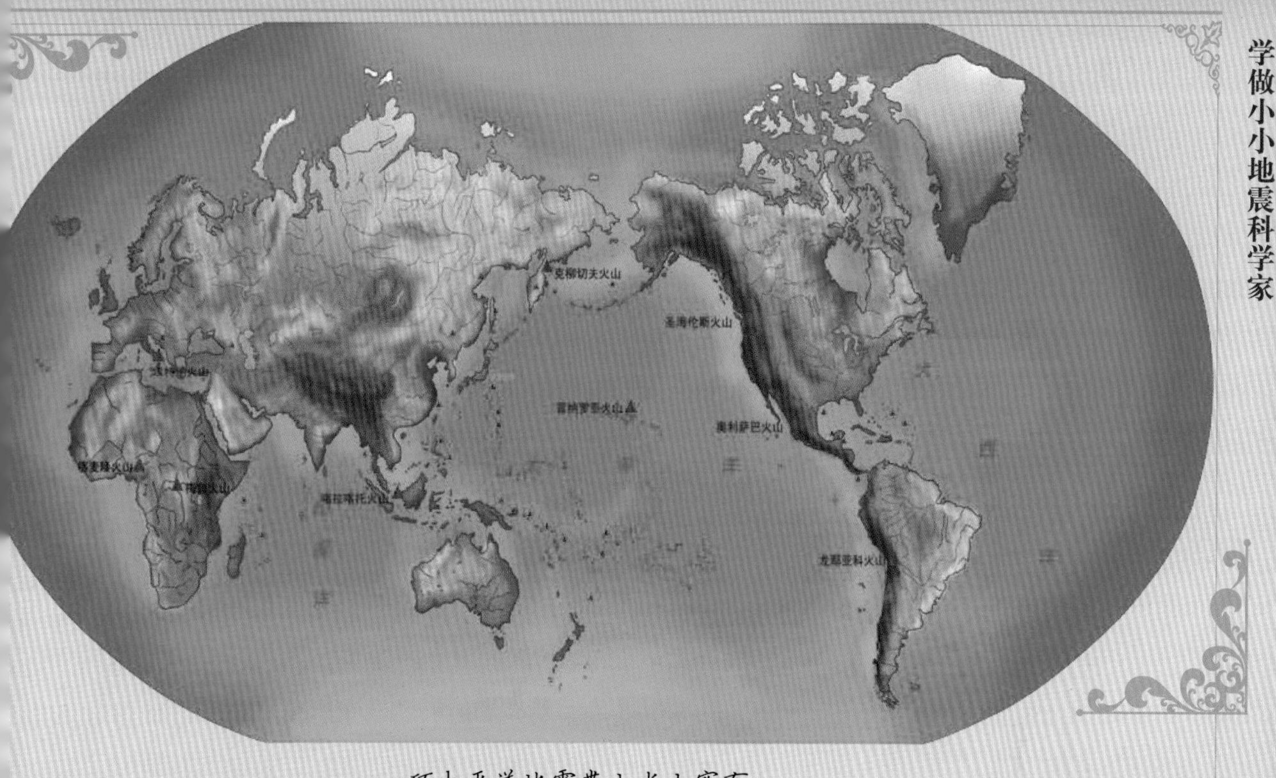

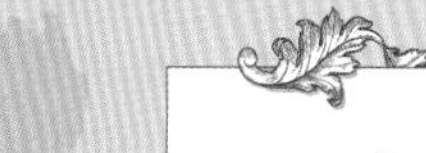

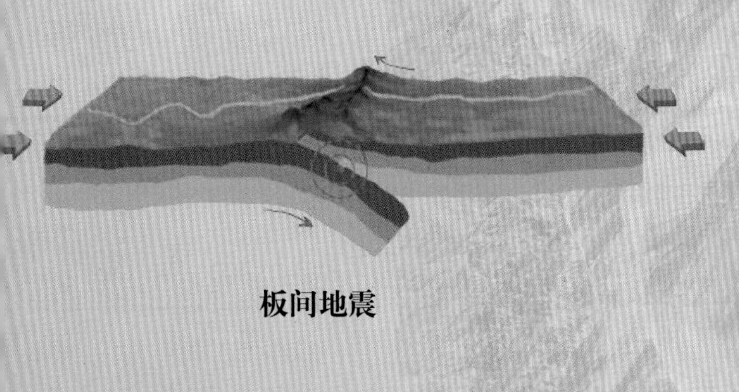

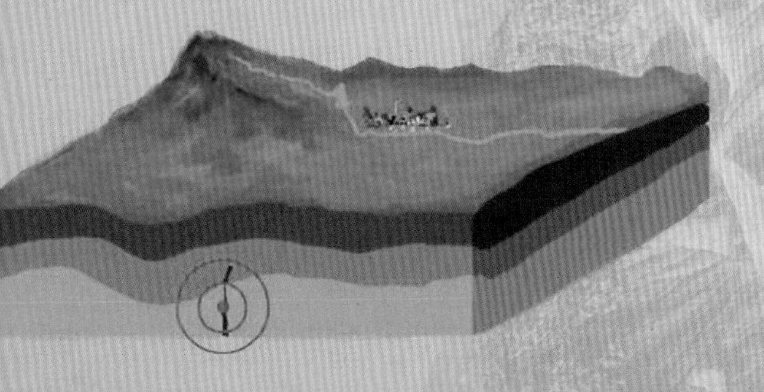

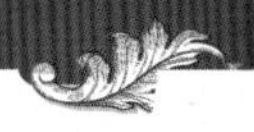

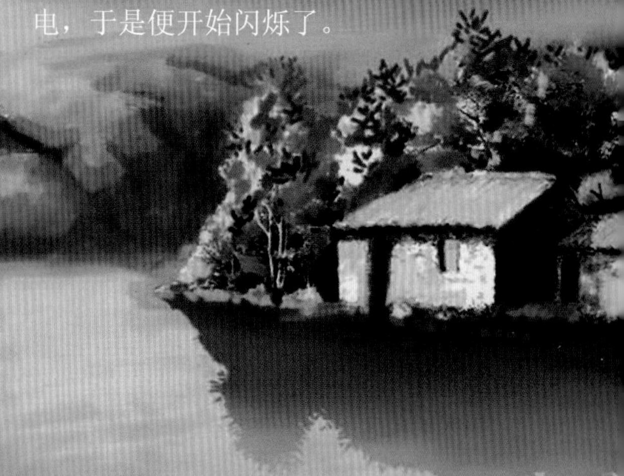